NENGYUAN DIANLI XINJISHU
FAZHAN YANJIU

能源电力新技术
发展研究

潘尔生　主编

中国电力出版社
CHINA ELECTRIC POWER PRESS

内 容 提 要

本书基于各类能源电力新技术的发展现状，研究制约新技术发展的难点及关键点，研判各类新技术的发展前景、经济性及发展趋势，并对各类新技术进行成熟度评估，最后展望了能源电力新技术对电网发展形态的影响。

本书第 1 章从发电领域、输电领域、配电及用电领域、储能领域以及信息与控制领域归纳整理了二十三类对电网形态影响较大的能源电力新技术的发展现状，介绍了技术特点和国内外应用情况。第 2 章在第 1 章的基础上，对上述五个领域新技术进行了进一步的筛选，各领域保留了部分受到重点关注的新技术，分析影响新技术发展的关键因素，研究制约新技术发展的难点并提出需要突破的关键因素。第 3～7 章，分析各领域新技术的发展前景、经济性变化趋势及其对电网发展形态的影响。第 8 章梳理了新技术的发展路线，并从技术的成熟度角度对各项新技术进行评估，给出成熟度评估结果，并对在新技术影响下的能源转型和电网结构变化进行概括性研判。

本书可为从事电网规划、建设、运行、投资决策方面的科研和实际工作的工程技术人员提供理论和实践参考，也可为高等院校电力专业师生和关注能源电力新技术发展的读者提供专业知识参考。

图书在版编目（CIP）数据

能源电力新技术发展研究/潘尔生主编 . —北京：中国电力出版社，2023.7（2024.11 重印）
ISBN 978-7-5198-6246-6

Ⅰ . ①能… Ⅱ . ①潘… Ⅲ. ①能源工业②电力工业 Ⅳ . ①TK01②TM

中国版本图书馆 CIP 数据核字（2021）第 247271 号

出版发行：中国电力出版社
地　　址：北京市东城区北京站西街 19 号（邮政编码 100005）
网　　址：http://www.cepp.sgcc.com.cn
责任编辑：匡　野（010-63412786）
责任校对：黄　蓓　马　宁
装帧设计：赵姗姗
责任印制：石　雷

印　　刷：北京天泽润科贸有限公司
版　　次：2023 年 7 月第一版
印　　次：2024 年 11 月北京第五次印刷
开　　本：787 毫米×1092 毫米　16 开本
印　　张：10.25
字　　数：214 千字
定　　价：60.00 元

前　言

在能源革命和数字革命的双重驱动下，全球新一轮科技革命和产业变革方兴未艾，能源电力技术成为引领能源产业变革、实现创新驱动发展的源动力。世界主要国家和地区均从能源战略的高度制定各种能源电力技术规划，加快能源电力科技创新，抢占发展制高点，增强国家竞争力。能源电力科技创新进入高度活跃期，新兴能源电力技术正以前所未有的速度加快对传统能源电力技术的替代，对世界能源格局和经济发展产生重大而深远的影响。

2020年9月，习近平主席在第七十五届联合国大会一般性辩论上郑重宣布，中国将提高国家自主贡献力度，采取更加有力的政策和措施，二氧化碳排放力争于2030年前达到峰值，努力争取2060年前实现碳中和；2021年3月，习近平主席在中央财经委员会第九次会议上提出构建新型电力系统的目标；国务院在推进"双碳"工作相关文件中提出加快先进适用技术研发和推广应用，支撑新型电力系统构建，服务能源体系的清洁低碳转型。加快能源电力技术创新、构建新型电力系统是落实我国"四个革命、一个合作"能源安全新战略的必由之路。

能源电力技术创新重点集中在传统化石能源清洁高效利用、新能源大规模开发利用、核能安全利用、能源互联网和大规模储能应用、先进能源装备及关键材料研制等领域。随着前沿科技不断进步，这些能源电力新技术将实现质的飞跃，在电力各个环节扮演越来越重要的角色，从而影响电力系统发展的进程。本书首先从发电、输电、配电及用电、储能、信息与控制五个领域介绍能源电力新技术的发展现状，研究影响这些新技术发展的技术难点和关键因素，接着从成熟度的角度对新技术进行评估，最后分析新技术的发展趋势以及对电网发展形态的影响。具体包括以下三个方面：

（1）充分调研分布式新能源发电技术、特高压交直流输电技术、柔性直流输电技术、电动汽车V2G技术、局域能源互联网技术、新型储能技术、系统保护技术、智能电网调度控制技术、网络信息安全技术等各类能源电力新技术的国内外发展现状和应用情况。

（2）分析各类能源电力新技术需要突破的关键技术瓶颈和制约因素，研判关键技术的开发进度与发展愿景，在此基础上判断能源电力新技术的发展趋势。

（3）引入技术成熟度评估方法，对各类能源电力新技术的成熟度水平开展评估，结合各类新技术创新成果和发展趋势，分析新技术对新型电力系统发展模式的影响，展望电力系统可能的发展形态或路线。

为了编制本书，我们集合了多个单位部门、相关专业的力量，征求了多位专家和领导的意见建议，在统一工作思路、形成编写大纲后，组织了一批工作经验丰富、业务能力强的技术骨干，按照不同技术方向分工编制、统一成稿。形成书稿后又邀请了电力系统内外的专家学者对书稿进行了多轮审阅，在广泛吸收采纳了各方意见的基础上，对书稿进行了多次修改形成本书。在此，特别感谢为本书提供帮助的各位领导专家和同仁。

囿于作者水平有限，书中难免有疏漏和不足之处，欢迎广大专家、读者提出宝贵意见和建议。

编　者
2023 年 3 月

目　录

1

电力新技术发展现状

为厘清能源科技创新规律，把握能源电力新技术的发展趋势，本章对发电、输电、配电及用电、储能、信息与控制五个领域的能源电力新技术发展现状和应用情况进行归纳总结。

1.1 发 电 领 域

在发电领域，提升传统发电效率、发展新能源是人类应对日益严重的能源与环境问题的必然选择。在当前能源资源紧缺、环境约束持续加大的严峻形势下，大力发展可再生能源，特别是新能源决定了人们未来的生活和发展。据国际可再生能源署《2022年可再生能源装机数据》统计，2021年底全球可再生能源发电装机容量达到3064GW，其中水电比重最高，达到1230GW；太阳能发电和风力发电装机分别为849、825GW。我国从保障能源安全的基本点出发，出台各项政策推动新能源技术研发，大力倡导新能源和可再生能源的利用，2021年我国太阳能发电和风力发电装机分别为307GW、328GW，新能源发电量占全社会用电量比例达到11.8%。

随着新能源快速发展，新能源发电技术不断进步。一方面，风机单机容量不断增加，海上风机容量最大已经达到16MW；另一方面，为了更好适应系统发展需求和新能源开发需要，光热发电、分布式发电等技术也快速发展。作为重要托底保供电源，火力发电在超大容量、超高压强、超超临界等方向取得了长足进步，为进一步降低碳排放，洁净煤发电技术将成为重点研究方向。核电方面，小型核反应堆具有模块化体积小、建造周期短、选址成本低、功率比大、适应性强等优点，成为第四代核电关注的重点。

1.1.1 光热发电技术

光热发电技术是通过光-热-功的转化过程实现发电的一种太阳能发电技术。反射镜将太阳光反射聚集到吸热部件上，产生高温蒸汽或空气，然后利用常规的发电循环实现发电。

1. 技术特点

光热发电技术具有发电功率相对平稳可控、运行方式灵活的特点，是可调控性较高的一类可再生能源发电技术。根据接收器类型和聚光类型的不同，光热发电主要可分为槽式、塔式、线性菲涅尔式以及碟式（斯特林）发电系统，如图1-1所示。

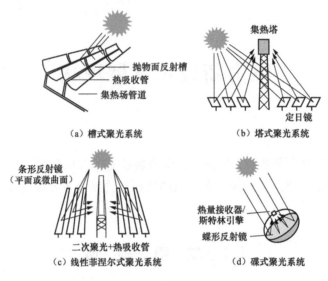

（a）槽式聚光系统　　　　　　（b）塔式聚光系统

（c）线性菲涅尔式聚光系统　　　（d）碟式聚光系统

图 1-1　四类聚光系统示意图

（1）槽式光热发电技术。槽式光热发电技术是目前技术最成熟、应用最广泛和商业化验证程度最高的光热发电技术。它为线性聚光并且具有移动式接收器，最具特色的部件是抛物面反射槽和玻璃金属封接的热吸收管。抛物面反射槽由经过表面处理的金属薄板制成，而热吸收管一般采用真空玻璃管结构，以抑制对流和传导热损失。目前槽式光热发电站主要有两方面的缺点：一方面采用的合成油的高温降解特性使其最高只能被加热到400℃，造成产生的蒸汽质量一般，抑制了后端发电机组的运行效率，从而使整个电站的年度发电效率仅能达到14%~16%；另一方面槽式光热发电系统的耗水量大，冷却和冷凝用水消耗量高达3000L/MWh，水源限制了槽式光热发电站的建设。

（2）塔式光热发电技术。塔式热发电技术采用点聚光、固定式接收器，它的聚光系统由数以千计带有双轴太阳追踪系统的定日镜和一座或数座中央集热塔构成。塔式光热发电站的具体结构多种多样，单块定日镜的面积从 $1.2m^2$ 至 $120m^2$ 不等，塔高也从 50m 至 165m 不等，聚光倍数则可以达到数百倍至数千倍，可使吸热器中介质（水、气体或者熔盐）温度达到800~1000℃，电站的发电效率达到17%~20%。与槽式光热发电相比，塔式热发电采用的管路循环系统要简单得多，在提高效率和降低成本方面的潜力较大。塔式光热发电技术也存在以下问题：一方面为了将阳光准确汇聚到集热塔顶的接收器上，需要对每一块定日镜的双轴跟踪系统进行单独控制，结构相对复杂，同时其成本、性能、可靠性都还存在一定的不确定性；另一方面塔式光热发电采用熔盐介质的一些技术问题也需要进一步研究。

（3）线性菲涅尔式光热发电技术。线性菲涅尔式系统就是简化了的槽式系统，用一组平板镜取代槽式系统里的抛物面型的曲面镜。通过采用单轴太阳跟踪系统，调节控制平面镜的倾斜角度，将太阳光反射到上方的二次聚光器上，再由其汇聚到一根长管状的固定吸热管，实现聚焦加热。为了简化系统，线性菲涅尔系统一般采用水和水蒸气作为吸热介质，使用直接产生蒸汽的技术。相比于抛物面式的曲面镜，平面反射镜制造难度低，大大降低了初始投资成本，但是聚焦精度差，其聚光倍数只有数十倍，因此加热的水蒸气质量不高，温度只能达到270℃左右，使整个系统的年发电效率仅能达到10%左右。目前线性菲涅尔光热发电技术还在示范阶段，没有商业化运行的电站。

（4）碟式光热发电技术。槽式、塔式和线性菲涅尔式三种光热发电系统均首先进行大范围聚热，然后集中用汽轮机转化为机械能进而发电。与上述三种光热发电系统不同，碟式光热发电系统是利用斯特林发动机实现热能到机械能的转化。它的外形类似于一个卫星接收器，利用旋转抛物面反射镜将入射太阳光聚集在焦点上，放置在焦点处的太阳能接收器收集热能，加热工质（通常是氦气或氢气），通过气体的膨胀推动引擎活塞，带动发电机发电。碟式光热发电系统采用双轴太阳追踪系统，整个系统的年发电效率高达19%~25%左右。同时，碟式系统中每个独立的聚热模块都能就地进行热电转换，使得其既适合以数百千瓦的规模进行分布式部署，又有能力构建百兆瓦的大型电站。但是碟式系统的缺点也很明显，由于独特的模块化发电特点导致碟式系统很难配置储能系统，因此在使用该项技术建设大规模电站时，所输出电力的可调度性不高。目前碟式光热发电系统还没有大型商业化的应用，大规模运行的经济性和可靠性还有待考证。

光热发电技术受天气影响大，而且只能利用太阳能法向直射辐射。为了保障光热发电站能够具备24小时持续输出额定功率的供电能力，并且输出功率具有高度可调节性，采用储热和补燃技术形成混合动力光热发电站是将来大型光热发电站的发展趋势。

2. 国内外应用情况

最早的商业光热发电系统于1984年在美国加州投产，后来由于化石能源价格下跌，全球光热发电技术进入停滞状态，直至2006年西班牙启动首个光热发电项目，国际光热发电开始复苏。截至2021年年底，全球已建成的光热发电站约6800MW，绝大部分集中在美国和西班牙。由于槽式系统技术成熟度高，其在运行和建设中的光热发电站中占据主导地位。同时，随着技术的进步，塔式和碟式系统具有更高的能量转换效率，其技术也逐渐获得认可，占比迅速攀升。槽式、塔式、线性菲涅尔式技术装机在全球主要国家和地区的占比分别为76%、20%和4%。

我国光热发电技术的应用起步较晚，截至2021年年底我国光热装机容量达到538MW，其中包括8个2016年确定的首批光热发电示范项目，分别为：青海中广核德令哈50MW槽式光热发电站，于2018年10月10日投运；首航节能敦煌100MW塔式光热发电站，于2018年12月28日并网发电；青海中控太阳能德令哈50MW塔式光热发电站，于2018年12月30日并网发电；中电建共和50MW塔式光热发电站，于 2019 年 9 月 19 日并网发电；鲁能海西 50MW 塔式光热发电站，于 2019 年 9 月 19 日并网发电；中电工程哈密 50MW 塔式光热发电站，于 2019 年 12 月 29 日并网发电；兰州大成敦煌 50MW 菲涅尔光热发电站，于 2019 年 12 月 31 日并网发电；乌拉特中旗 100MW 槽式光热发电站，于 2020 年 1 月 8 日并网发电。至 2021 年年底，我国光热发电装机容量中，塔式技术、槽式技术、线性菲涅尔式技术占比分别约为 60%、28%、12%。

当前光热发电站技术路线尚在探索，塔式方案目前较为成熟，碟式方案的效率更高，槽式方案的成本控制相对要容易，因此技术路线面临选择与变化。而国内目前大型光热发电系统的设计尚未形成成熟经验，光热发电电站选址标准、工程设计、系统集成等技术还需要进一步研究，从 1MW 级左右的示范电站向 50MW 以上的大型电站提升，要求成熟的集成技术保证电站运行的稳定性。同时，光热发电对日照条件的要求非常苛刻，日照资源稍差的地方光热发电的成本将大幅上升。

1.1.2 分布式发电技术

分布式发电种类繁多，按照发电能源资源类型来划分，主要包括五大类：分布式可再生能源发电（包括水、风能、太阳能、生物质能、海洋能、地热能等可再生能源发电）、小型煤层气发电、分布式天然气能源系统、燃料电池及各种利用工业余热、余气、余压的资源综合利用发电。根据电源规模可以分为小型（小于 100kW）、中型（100kW～1MW）和大型（大于 1MW）。根据与电力系统的并网方式，可以分为直接与系统相联（机电式）和通过逆变器与系统相联两大类。其中，分布式光伏发电、分散式风力发电、分布式天然气能源是我国分布式发电发展的重点和热点。

1. 技术特点

（1）分布式光伏发电。光伏发电系统按与电力系统的关系可分为独立光伏发电系统和并网光伏发电系统。独立光伏发电系统在民用范围内主要用于边远的乡村，在具备风力发电和小水电的地区还可以组成混合发电系统，如风力发电/太阳能发电互补系统等。并网发电系统可提供有功和无功功率，成为电网的补充。并网光伏发电系统一般容量较小，在几 kW 到几十 kW，其中屋顶光伏是分布式光伏发电的重要方向之一，通过光伏发电和建筑的结合，不仅可以广泛利用太阳能，更能充分利用建筑面积，减少建设光伏发电设施对土地资源占用的影响。

（2）分散式风力发电。分散式风电是与集中式风电相对而言的，是指直接接入配电网的单个风力发电机组或由此组成的小型风电场，其规模一般在几十 kW 到几十 MW 之间。分散式风电发展主要面向风能资源等级较低（一般认为风功率密度小于 $250W/m^2$）的地区，其中低风速风电机组和垂直轴风电机组均可有效利用低风速发电。相比大规模集中开发，分散式开发使用范围更广，便于普及风电，对风资源条件、厂址等要求相对较低。早期的分散式风电多分布于边远地区、海岛、牧区，随着风电机组技术的发展和成本的降低，我国中东部地区成为分散式风电开发的主战场。

（3）生物质发电。生物质发电是利用生物质所具有的生物质能进行发电的发电形式，是可再生能源发电的一种，包括生物质直接燃烧发电、生物质气化发电、垃圾发电、沼气发电等多种形式。相比于小水电、风电和光伏发电等间歇性发电形式，生物质发电电能质量好、可靠性高，可作为小水电、风电、光伏发电的补充能源，尤其是在常规能源匮乏的广大农村地区，具有很高的使用经济价值。

（4）天然气分布式能源。天然气分布式能源系统又称为燃气冷、热、电三联供系统，是传统热电联产的进化和发展。它是指以天然气为燃料，通过冷、热、电三联供等方式实现能源梯级利用，综合能源利用效率在 70% 以上，并在负荷中心就近实现能源供应的现代能源供应方式，是天然气高效利用的重要方式。与传统集中式供能方式相比，天然气分布式能源系统具有能效高、清洁环保、安全性好、经济效益好等优点。天然气分布式能源系统按系统规模可分为楼宇型、区域型两种。楼宇型天然气分布式能源系统规模较小，装机容量一般为千瓦级，系统布置相对简单，主要应用于医院、学校、大型超市、公共设施、宾馆、娱乐中心等建筑物。区域型天然气分布式能源系统规模较大，装机容量一般为兆瓦级，系统布置相对复杂，不仅要考虑冷热电供应的内网设备，还需要考虑冷热电供应的外网设备，主要应用于科技园区、产业园区、大学城等。

（5）燃料电池发电。燃料电池是一种将存在于燃料与氧化剂中的化学能直接转化为电能的发电装置。自从威廉·格鲁夫（W. Grove）于 1839 年发明了燃料电池以来，它的开发使用至今已逾 150 年。它从外表上看有正负极和电解质等，像一个蓄电池，但实质上它不能"储电"而是一个"发电厂"。按照采用的电解质的类型来分，燃料电池大致可以分为六种：质子交换膜燃料电池、碱性燃料电池、磷酸燃料电池、固体电解质燃料电池、熔融碳酸盐燃料电池和直接甲醇燃料电池。

与常规发电方式相比燃料电池具有以下优点：①效率高且不受负荷变化的影响；②清洁无污染、噪声低；③模块化结构，扩容和增容容易，安装周期短、安装位置灵活；④负荷响应快，运行质量高，在数秒钟内就可以从最低功率变换到额定功率。然而，目前燃料电池的造价仍较高，这成为阻碍燃料电池广泛推广的重要因素。

2. 国内外应用情况

分布式发电技术从 20 世纪 70 年代开始发展，初始发展重点在于分布式天然气热电联供，以提升能源利用效率为目标。1973 年和 1978 年的两次石油危机促使欧美等发达国家日益重视能源利用效率，天然气热电联供系统作为天然气的高效利用方式受到高度重视，美国、丹麦等国纷纷出台政策，大力发展天然气热电联供。进入 21 世纪，大力发展可再生能源是各国应对气候变化问题、减少温室气体排放的重要措施，分布式发电作为可再生能源利用的一种重要方式再次得到全球广泛关注。就我国情况来看，20 世纪末和 21 世纪初，受限于天然气产量不足以及燃气轮机和内燃机设备国产化程度低，我国分布式天然气发展缓慢，同时分布式光伏发电也受到成本的制约。近年来，随着光伏发电、风电等可再生能源发电成本的大幅降低，以及天然气供应紧张局面的缓解和成本的降低，分布式发电逐步起步和发展。目前我国分布式电源的发展以分布式光伏为主。

到2021年年底，我国新增分布式光伏发电装机容量29.3GW，分布式光伏装机总量达到107.5GW。分布式光伏主要集中在京津冀、山东、长三角和广东地区，值得注意的是，陕西、河南与湖北也加入了分布式光伏主流市场的行列。分布式光伏受可安装场地或者设施面积制约，重点考虑城镇和农村住宅屋顶、工矿用地屋顶、铁路高速公路、滩涂水库坑塘和农业大棚等五大类分布式光伏。根据测算，2025年我国分布式光伏技术可开发潜力为1490GW，其中主要是农村、城镇住房屋顶光伏和工矿厂房，合计1330GW，占到技术可开发总潜力的89%。考虑项目本体发电成本、电网改造成本、系统平衡成本等，预计全国经济可开发潜力约为460GW，其中，东中部地区约290GW。

1.1.3 洁净煤发电技术

洁净煤技术是指煤炭开发到利用的全过程中所涉及的加工、燃烧、转化及污染控制新技术，它是一种能够使煤炭的潜能得到最大限度的利用，而释放的污染物被控制在最低水平的一种高效、清洁利用的技术。洁净煤发电技术就是指洁净煤技术中与发电相关的技术。

洁净煤将煤炭利用的经济效益、社会效益与环保效益结合为一体，成为国际能源工业中高新技术竞争的一个主要领域，主要包括燃烧前的煤炭加工和转化、煤炭燃烧和燃烧后的烟气净化三类技术。第一类燃烧前的煤炭加工和转化技术，包括煤炭的洗选和加工转化技术，如煤的物理与化学净化、配煤、型煤和水煤浆技术，煤炭的转化包括煤炭液化和煤炭气化技术。第二类煤炭燃烧技术主要是洁净煤发电技术，包括循环流化床燃烧技术、整体煤气化燃气-蒸汽联合循环发电技术（IGCC）、增压流化床燃气-蒸汽联合循环发电技术（PFBC-CC）、超临界燃煤电站加烟气脱硫脱硝装置（SC＋FGD＋De-NO$_x$）等技术。第三类燃烧后的烟气净化技术，主要包括烟气脱硫技术、烟气脱硝技术、颗粒物控制技术和以汞为主的痕量重金属控制技术等。

1. 技术特点

目前在研究、应用、发展的洁净煤发电技术主要包括循环流化床燃烧技术、增压流化床联合循环、整体煤气化联合循环。

（1）循环流化床燃烧技术。循环流化床燃烧技术是指小颗粒的煤与空气在炉膛内处于沸腾状态下，即高速气流与所携带的稠密悬浮煤颗粒充分接触燃烧的技术。循环流化床锅炉脱硫是一种炉内脱硫工艺，以石灰石为脱硫吸收剂，燃煤和石灰石自锅炉燃烧室下部送入，一次风从布风板下部送入，二次风从燃烧室中部送入。气流使燃煤、石灰颗粒在燃烧室内强烈扰动形成流化床。石灰石受热分解为氧化钙和二氧化碳，燃煤烟气中的SO$_2$与氧化钙接触，发生化学反应被脱除，同时由于锅炉炉温比较低，并采用分级送风燃烧方式，可减少 NO_x 的生成。数据显示，循环流化床燃烧脱硫率可达 80%～95%，NO_x 排放可减少 50%。此外，循环流化床燃烧技术还具有煤种适应性强、燃烧效率高、负荷适应性好等优点。

（2）IGCC。IGCC 发电技术是煤气化和蒸汽联合循环的结合，具有高效、低污染、节水、综合利用好等优点。IGCC 由煤的气化与净化部分、燃气-蒸汽联合循环发电两大部分组成，设备主要有气化炉、空分装置、煤气净化设备、燃气轮机发电系统、余热锅炉、蒸汽轮机发电系统。其工作原理为煤经过气化和净化后，除去煤气中 99% 以上的硫化氢和接近 100% 的粉尘，将固体燃料转化成燃气轮机能燃用的清洁气体燃料，以驱动燃气轮机发电，是燃气发电与蒸汽发电的联合，污染物的排放量仅为常规燃煤电站的 1/10，脱硫效率可达 99%，二氧化硫排放在 $25mg/Nm^3$ 左右，NO_x 排放只有常规电站的 15%～20%，耗水只有常规电站的 1/2～1/3。

（3）PFBC-CC。PFBC-CC 从原理上与常压流化床基本一致，燃烧空气通过布风板进入燃烧室，加入的煤粒和脱硫剂处于悬浮状态，形成一定高度的流态化床层。流化床中脱硫剂在煤燃烧的同时脱除二氧化硫，再由于流化床燃烧温度控制在 99℃ 以下，抑制了燃烧过程中 NO_x 的生成，大大减少了污染物的排放。PFBC-CC 采用增压（6～20 个大气压）燃烧，燃烧效率和脱硫效率可以得到进一步提高，燃烧室热负荷增大，改善了传热效率，可使锅炉设计更为紧凑。在流化床锅炉中产生蒸汽使汽轮机做功，同时从 PFBC 燃烧室出来的加压烟气经过高温除尘后可进入燃气轮机膨胀做功。

（4）SC＋FGD＋De－NO_x。常规超临界机组主汽压力在 24MPa 左右，主气和再热汽温度为 540～560℃，煤耗 290～300g/kWh，其效率比亚临界机组高 2% 左右。超超临界机组主汽压力在 25～35MPa 及以上，主汽和再热汽温度在 580～600℃ 及以上，其效率比常规超临界机组高 4% 左右。对于常规的燃煤机组而言，采用超临界参数提高电厂热效率、降低煤耗，是污染物减排的首要措施。采用先进的燃烧技术，合理有效组织燃烧过程，在燃烧过程中减排也是重要的污染物减排技术，可以大幅度降低污染物排放。但当排放的限制更严格，且靠炉内燃烧减排不能满足要求时，则需要采取烟气脱硫脱硝技术措施。

2. 国内外应用情况

美国于 1986 年率先提出洁净煤技术，并制定出洁净煤技术示范计划，包括常压循环流化床燃烧发电、增压循环流化床联合循环发电、煤气化联合循环发电等 11 个项目。此后 10 年中，洁净煤技术引起国际社会普遍重视，目前已成为世界各国解决环境问题的主导技术之一。基于我国的能源结构以及环境状况，为实现环境、资源与发展的和谐统一，我国已把发展洁净煤技术作为重大的战略措施，列入"中国 21 世纪议程"。2012 年，我国第一座自主设计和建造的 IGCC 电厂在天津投入运行。2021 年我国在役超临界循环流化床机组共 49 台，其中 600～660MW 等级 3 台。

1.1.4　小型核反应堆发电技术

核能是高能量密度的国家战略能源，同时也是清洁、低碳、安全、高效的基荷能源。国际原子能机构（IAEA）将电功率小于 300MWe 的反应堆定义为小型反应堆。小型模块化反应堆（Small Modular Reactor，SMR）因其建造体积小、建造周期短、易并网、选址成本低、适应性强、多用途等优点，受到全球各个国家重点关注。"模块化"是指核蒸汽供应系统采用模块化设计和组装，当蒸汽供应系统与动力转换系统或工艺供热系统进行耦合连接后，就可以实现所需的能源产品供应。系统模块组装可以由一个或多个子模块进行组装，也可以根据热工参数匹配性要求由模块机组组装大规模的发电厂，用于生产电力或其他用途。

1. 技术特点

当前国际上核反应堆技术已发展到第四代，其中运行的绝大多数是第二代，正在部署研发第四代。第一代主要采用 20 世纪 50、60 年代开发的试验堆和原型堆；第二代主要采用 20 世纪 70 年代开始投入运行的、实现标准化和系列化的商业反应堆，主要是轻水堆；第三代核反应堆典型技术包括美国 AP1000、法国 EPR、韩国 APR-1400、俄罗斯 VVER-1200（AES-2006）等，全部为轻水堆。

随着核反应堆技术的不断成熟，世界各国致力于发展经济性与安全性更高的小型核反应堆。小型模块化反应堆则主要以成熟技术为基础，大部分也采用的是轻水堆，并设计研发第四代核电反应堆技术。

（1）先进小型反应堆大量采用设计安全的概念，通过设计的优化从根本上消除或者尽可能地降低对反应堆构成威胁的事故工况。普遍采用一体化主回路压力容器结构，取消了主回路各主管道，从根本上消除了由于一回路主管道破裂造成的大破口失水事故；大量采用非能动安全系统，通过多种循环系统，转移堆芯余热，有效降低了失水事故后堆芯温度升高和堆芯裸露的可能性，不需要人工干预，极大地提高了安全性。

（2）先进小型反应堆一般采用一体化设计、模块化安装，具有更大的设计简单性，可以实现批量化生产。一体化主回路结构和其他多数部件可以在工厂完成制造和组装，直接运抵电站安装，大大降低了费时费力的现场制造和组装的需要。相比于大型核电厂，具有较短的建造时间、较低的选址成本。且一般换料周期长，具有一定的成本优势。

（3）先进小型反应堆用途广泛。除可以用来发电以外，还可以用于工业供热供汽、海水淡化、城市供热供暖等多领域。

2. 国内外应用情况

近年来，小型模块化反应堆技术受到美国、俄罗斯、英国、加拿大等国家的大力支持。国际原子能机构根据小型模块化反应堆的建造位置、冷却方式及中子谱，将小堆分为陆上水冷堆、海上水冷堆、高温气冷堆、快堆和熔盐堆这 5 种堆型。

（1）陆上水冷堆。正在开发 5 种小型模块化陆上水冷堆分别是 NuScale、mPower、

GE 和日本日立公司 BWRX-300、霍尔台克国际公司 SMR 和 SMR-160。2014 年，美国能源部和 NuScale 公司签署了为期 5 年、2.17 亿美元的项目合同，为该公司的小型模块化反应堆设计认证提供支持，2017 年美国核管会（NRC）接受了小型模块化反应堆设计的许可申请，2020 年在美国核管会为期 4 年的审查后通过了首个小型模块化反应堆的设计认证，首座电站计划 2026 年前在爱达荷州建成。BWX 技术公司研发的 mPower 电站有 2 个模块，每个模块的电功率为 195MWe。西屋公司完成电功率为 225MWe 的 SMR 概念设计。霍尔台克公司正在研发电功率为 160MWe 的 SMR-160 小堆，计划 2025 年获得在美国的建设许可证。

俄罗斯电力工程研究中心（NIKIET）正在根据潜艇反应堆的经验研发电功率为 6.6MWe 的 UNITHERM 小型模块化反应堆。NIKIET 研究 KARAT 系列小型沸水堆，包括电功率为 45MWe 的 KARAT-45 小型沸水堆；热功率为 360MWt、电功率为 100MWe 的多功能一体化沸水堆 KARAT-100。NIKIET 正在研发一体化池式供热堆 TUTA-70，热功率为 70MWt，用于区域供热和海水淡化。库尔恰托夫研究所正在开展用于热电联产的 ELENA 概念设计，热功率为 3.3MWt，电功率为 68kWe，换料周期为 25 年。

日本三菱重工研发的一体化中型压水堆 IMR 发电功率为 350MWe。日立-通用公司研发的模块化简易中小型反应堆 DMS 是一种小型沸水堆，装机容量为 300MWe。

2021 年 7 月 13 日，中核集团多用途模块化小型堆（ACP100）科技示范工程在海南昌江核电现场正式开工，成为全球首个开工的陆上商用模块化小堆，标志着我国在模块化压水小型堆技术上走在了世界前列。ACP100 又称"玲龙一号"，装机容量 125MWe，是中核集团自主研发并具有自主知识产权的多功能模块化小型压水堆。

（2）海上水冷堆。俄罗斯"罗蒙诺索夫"号浮动核电站装载两台 KLT-40S 反应堆，每台反应堆的电功率为 35MWe，可用于热电联产，目前已经投运。俄罗斯计划使用 RITM-200 反应堆建造三艘 22220 型破冰船，"北极"号和"西伯利亚"号破冰船已经建成，各装载两台 RITM-200 反应堆，"乌拉尔"号破冰船已经开工。RITM-200 反应堆电功率为 50MWe，采用强制循环，也适用于建造海上浮动核电站和陆上核电站。俄罗斯 OKBM 设计局正在研发电功率为 6～9MWe 的 ABV-6E 小堆和 325MWe 的 VBER-300 中型多功能反应堆，可以用于建造浮动平台，也可以建造陆上水冷堆，实现热电联产。NIKIET 正在研发功率为 6MWe 的水下远程遥控核电源 SHELF。

我国中核集团研发海上模式堆 ACP100S 和 ACP25S，ACP100S 是在多用途模块式小型堆 ACP100 的基础上，根据船用核动力的特点，经过适应性设计改进，开发出满足三代核电安全标准和海上浮式平台入级规范设计的海洋核动力平台型号，该反应堆采用一体化设计，反应堆单堆热功率 385MWt，单堆最大电功率为 125MWe，可快速跟踪负荷运行，反应堆设计寿命 60 年，换料周期 24 个月。ACP25S 反应堆及一回路系统采用分散布置，单堆热功率 100MWt 级，单堆最大电功率 30MWe，可快速跟踪负荷运行，设计寿命 40 年，换料周期 18 个月。中船重工集团正在开展 HHP25 浮动堆设计工作，浮动平台装载两座热功率为 100MWt、电功率为 25MWe 的 HHP25

小堆。

（3）高温气冷堆。美国下一代核电站产业联盟选择阿海珐的电功率为272MWe的SC-HTGR作为商业推广的小堆，已经开始申请设计审查认证工作。SC-HTGR基于阿海珐ANTARES概念设计，安装了两台蒸汽发生器，可以实现热电联产。美国私人公司X能源公司正在研发电功率为35MWe的小型球床反应堆Xe-100。Xe-100的目标是通过简化系统设计、模块化设计、缩短建造周期和不停堆换料提高电厂的利用率和小堆的经济性。

俄罗斯研发285MWe的GT-MHR用于发电，但是最近也转向工业供热，如MHR-T高温堆采用4个600MWt的模块用于核能制氢。MHR-100采用棱柱状燃料，设计热功率215MWt，用于发电和热电联产。GT-MHR是俄美联合研发的反应堆，起初是用于燃烧从核弹头拆下来的武器级钚。

日本原子能研究所（JAEA）建造高温气冷实验堆GTHTR300，基于实验堆设计与运行经验，研发数种高温气冷堆概念设计。GTHTR300是一种具有固有安全特性、厂址适应性强的多功能模块化高温气冷堆，电功率为300MWe，预计21世纪20年代投入商业运行。

（4）快堆。美国正在进行EM2小型模块化快堆设计。EM2小堆是通用原子能公司研发的模块化电功率为265MWe的氦冷快堆。EM2堆芯出口温度为850℃，可用于高温工艺热源。EM2采用"可转化燃烧"堆芯设计，可将大量的同位素转变为可裂变核素并燃烧，堆芯设计寿命为30年。

SVBR-100是俄罗斯AKME工程公司研发的多功能模块化小型铅铋快堆，发电功率为100MWe，SVBR-100的培训模拟机已于2013年开始运行。

日本东芝公司研发的安全性高、小型和简化的4S小堆是全寿命周期不需要换料的多用途钠冷快堆，输入热功率有2种参数，分别为30MWt和135MWt，电功率为10MWe。

（5）熔盐堆。美国橡树岭国家实验室建造并成功运行了熔盐实验堆MSRE，MSRE使用液态熔盐燃料，也作为主回路的冷却剂。液态氟盐冷却钍基熔盐堆LFTR是氟锂铍能源公司研发的石墨慢化热中子谱反应堆，裂变材料和增殖材料分布在液态熔盐中。LFTR燃料和熔盐作为一个结构放置在压力容器中，但是燃料和熔盐是分开的。LFTR使用闭式气体透平发电，发电功率为250MWe，使用成本较低的钍做燃料。加利福尼亚大学伯克利分校正在研发的马克Ⅰ型球床氟盐冷却高温堆（MK1 PB-FHR）是一个石墨慢化小型模块式反应堆。MK1 PB-FHR使用包覆颗粒燃料，液态氟化铍为冷却剂，在正常供电情况下发电功率为100MWe，在用电高峰时发电功率为242MWe。

印度尼西亚正在进行建造ThorCon的可行性研究。ThorCon是电功率为250MWe的模块化热中子谱反应堆，每个模块包括两个密封在罐中的可替换反应堆，当一个反应堆发电时，另一个反应堆处于冷停堆模式。密封罐每4年更换一次，熔盐燃料也被转移到新的密封罐中。

我国中科院正在研发固态燃料和液态燃料的熔盐堆。2017年4月，中科院与甘肃省武威市签订了在民勤县红砂岗建设钍基熔盐堆核能系统（TMSR）项目的战略合作框架协议，分两期建设，总投资220亿元。项目于2018年9月30日开工建设，主体工程于2021年5月已基本完工。

加拿大特里斯特尔能源公司研发的一体化熔盐堆IMSR400热功率为400MWt，电功率约为190MWe。IMSR400的主要部件密封在一起作为一个整体单元，在大约7年的有效服役寿命周期后，整体替换掉。西博格技术公司的熔盐热废物焚烧堆MSTW是一种使用乏燃料和钍的混合物为燃料的概念设计，预计2024年建成原型堆，2026年建造动力驳船式系列产品。

日本在国际钍熔盐论坛的组织下，研发了可以燃烧钚和次锕系元素的FUJI概念设计，FUJI发电功率为200MWe，由于出口温度为704℃，可以用于工业制氢和海水淡化。

英国莫尔泰克斯能源公司正在研发稳定熔盐堆SSR，使用液体熔盐燃料，可以避免固态燃料熔化的风险。SSR核电站发电功率为300MWe，由8个模块组成，每个模块电功率为37.5MWe，预计2030年投入使用。

1.2 输 电 领 域

输电领域中应用较多、较为成熟的新技术主要是特高压交直流技术和柔性交直流技术，我国在这方面的技术处于国际领先水平。特高压交直流技术以高电压、大容量、远距离传输为特点，能够实现资源在大范围内优化配置；柔性交直流技术具有可控性好、运行方式灵活等特点，在新能源发电并网、边远地区负荷供电、区域电网互联等方面优势明显。低频输电技术通过降低系统工作频率，实现输电距离的提升。超导输电技术与现有电力系统普遍采用的技术截然不同，在未来有可能得到广泛应用，继而彻底改变电力系统的面貌。

1.2.1 特高压交直流技术

1. 技术特点

（1）特高压交流技术。

1）适合远距离、大容量输电。世界各国输电网络规模不断扩大，20世纪后半叶发展尤为迅速，交流输电朝着高电压、大容量、远距离输送电能的目标不断进步，表1-1为不同电压等级的交流输电线路的输送容量与输送距离表。

表1-1　　　　交流输电线路的工程适用的输送容量与输送距离表

电压等级（kV）	35	110	220	500	750	1000
输送容量（MVA）	2～10	10～50	100～500	600～1500	900～2400	5000～10000
输送距离（km）	20～50	50～150	100～300	400～1000	600～1500	1000～2000

不同电压等级交流输电技术的自然功率比较如表 1-2 所示。

表 1-2 　　　　　　　　不同输电电压等级的自然功率输电能力比较

电压等级（kV）	220	330	500	750	1000
输电能力比较	1	2.23	7.95	16.74	39.24

注　以 220kV 线路输送自然功率 132MW 为基准；自然功率是输送线路在末端接上相当于线路波阻抗负荷时，线路所输送的功率。

2）减少输电线路损耗、降低短路电流。提高远距离输电能力，同时降低输电电能损耗是特高压输电的主要目标。在电压等级不变的情况下，远距离输电意味着线路电能损耗的增加。当输送的功率给定时，提高输电电压等级，将降低输电电流，从而减少电能损耗。

不同容量的电厂按其电力流向应分层、分区接入不同电压等级的电网，以降低电网的短路电流水平。由于特高压的引入，特大容量电厂可直接接入特高压电网，减少直接接入超高压电网的电厂容量，同时还可为超高压电网结构优化创造基础，从而降低超高压电网的短路电流水平。

3）节省输电走廊。500kV 与 1000kV 输电走廊对比情况如表 1-3 所示。从表中数据可以看出，输送相同容量的电力，采用 1000kV 输电技术所需线路条数和走廊宽度远小于 500kV 输电技术。

表 1-3 　　　　　　　　500kV 与 1000kV 输电技术特性对比

电压等级（kV）	500	1000
单回线所占走廊宽度（m）	38	56
输送 10GW 所需线路条数（条）	8～10	2
输送 10GW 所需走廊宽度（m）	264～380	112

4）获得巨大的联网效益。特高压交流输电可实现电能资源优化配置，充分发挥水、火电资源的优势。在提升联网效益方面，主要通过相互支援互联电网的高峰用电负荷，提高发电机组的利用率，减少总的装机容量；同时，实现检修和紧急事故时备用的互助支援，减少备用发电容量，从而提高电网运行的可靠性和供电质量。依托特高压交流电网可安装高效、低成本大容量机组和建设大容量电厂，进一步提高经济性。

（2）特高压直流技术。目前世界上已建成并运行的直流输电工程中，±800kV 及以上直流工程定义为特高压直流，最高额定电压为±1100kV（中国的准东—皖南特高压直流工程）。特高压直流输电技术不仅具有高压直流输电技术的所有特点，而且能将直流输电技术的优点更加充分发挥。直流输电的优点和特点主要有：①输送容量大。已建成的特高压直流输电工程的送电容量最高达 12GW。②送电距离远。世界上已有输送距离达 3300km 的特高压直流输电工程。③直流输电的接入不会增加原有电力系统的短路电流水平。④直流输电可以充分利用线路走廊资源，其线路走廊宽度约为交流输电线路的一半，且送电容量大，单位走廊宽度的送电功率约为交流的 4 倍。如直流±500kV 线路走廊宽度约为 30m，送电容量达 3GW；而交流 500kV 线路走廊宽度为 55m，送电容量却只有 1GW。⑤直流输电工程的一个极发生故障时，另一个极能继续运行，并通过发挥过负荷能力，可保持输送功率或减少输送功率的损失。⑥直流系统本身配有调制功能，可以根据系统的要求做出反应，对机电振荡产生阻尼，抑制低频振荡，提高电力系统稳定水平。⑦两个频率不同的电网之间可通过直流输电互联。

2. 应用情况

20 世纪 70 年代以来，为解决经济快速发展对负荷需求增长的预期以及大容量长距离输电问题，西方工业国和苏联均纷纷制定了本国发展特高压输电的计划。美国 AEP 和 BPA、意大利 ENEL、苏联电力部和日本东京电力公司均于 70、80 年代分别建设了特高压输电试验基地或试验线段，并进行了大量特高压前期和工程科研工作。课题涉及特高压绝缘、环境影响、监控保护、系统设计和工程规划。一些制造厂商（如瑞典 ASEA、法国 ALSTHOM、美国 GE）配合美国的电力运行单位进行了特高压输变电设备的研制，美国 AEP 在瑞典制造厂商的配合下完成了 1500kV 输电的试验研究工作，意大利 ENEL 完成了 1000kV 的成套设备带电试运行工作。近年来特高压交流技术装备在中国取得了快速发展。2009 年初建成投运了 1000kV 晋东南—南阳—荆门特高压交流试验示范工程，工程投入商业运行以来，运行情况良好。特高压试验示范工程的成功运行，在电压控制、潜供电流控制、外绝缘配合、电磁环境控制、试验技术、成套设备、系统集成、调试运行等方面取得了重大技术创新，同时也为后续工程建设提供参考。截至 2021 年年底，中国国家电网已建成投运十五回特高压交流工程。

中国特高压直流工程从南方电网的±800kV 云广直流工程和国家电网的±800kV 向上直流工程开始，不断发展壮大，已经建设投产的特高压直流工程还包括锦屏—苏州、哈密—郑州、溪洛渡—浙西、宁东—浙江、酒泉—湖南、晋北—江苏、锡盟—泰州、上海庙—山东、准东—皖南、扎鲁特—青州、云南—广东、滇西北—广东等十余条特高压直流工程，实现了在输送容量、输送距离、接入方式等技术方面的不断突破，输电设备全面实现了国产化，特高压输电技术处于世界领先地位。

1.2.2 柔性直流技术

1. 技术特点

以 IGBT 等全控器件和 PWM 技术为基础的柔性直流作为新一代直流输电技术，可使当前交直流输电技术面临的诸多问题迎刃而解，为输电方式变革和构建未来电网提供了崭新的解决方案。通过控制电压源换流器中全控型电力电子器件的开通和关断，柔性直流输电可以改变输出电压的相角和幅值，实现对交流侧有功功率和无功功率的控制，达到功率输送和稳定电网等目的，从而有效地克服了此前输电技术存在的一些固有缺陷。国际大电网会议（CIGRE）和美国电气与电子工程师协会（IEEE）于 2004

年将其正式命名为"VSC-HVDC"（Voltage Source Converter based High Voltage Direct Current）。ABB、Siemens 和 Alstom 公司则将该输电技术分别命名为 HVDC Light，HVDC Plus 和 HVDC MaxSine，在中国则通常称之为柔性直流输电（HVDC Flexible）。

与常规直流输电相比，柔性直流输电的优点如下：

（1）可以向无源网络供电。柔性直流采用全控 IGBT 器件，不需要外部提供换相电压，可工作在无源逆变方式下，达到向孤立无源网络供电的目的。

（2）可以实现有功功率和无功功率的独立解耦控制和潮流翻转。柔性直流输电中的换流器在正常工作状态时可以随时实现开关，不仅可以实现有功和无功的单独控制，还可以改变电流的方向轻松实现潮流翻转。

（3）产生的谐波分量较少。IGBT 器件可实现很高的开关速度，开关频率相对较高，换流站的输出电压谐波量较小，主要包含高次谐波，只需在换流母线上安装少量滤波器，即可使母线的谐波电压指标满足标准要求。

（4）不需要交流系统提供无功功率，能够起到 STATCOM 作用。只要换流器容量足够大，在其允许范围内，当电网某区域产生故障时，该系统的换流器可紧急向该区域同时输送有功功率和无功功率，使交流系统的电压和功角的稳定性得到提高。

（5）各个换流器之间可单独控制。整流侧和逆变侧的换流器控制系统可以彼此独立控制，不依赖于通信连接，从而减少通信的投资及运行维护费用，同时也降低了传统直流输电通信故障的运行风险。

目前国际上柔性直流输电工程的输送容量水平一般在数百兆瓦内，电压等级水平在几十千伏到几百千伏之间。世界各国已投运和在建柔性直流输电工程的输送容量与输电电压如表 1-4 所示。

表 1-4　　　　　　　　各国柔性直流输电工程额定容量与输电电压

工程名称	国家	投运时间	额定功率/MW	直流电压/kV
Hellsjon 赫尔斯扬柔性直流工程	瑞典	1997	3	±10
Gotland 哥特兰岛柔性直流工程	瑞典	1999	50	±80
Directlink 昆士兰柔性直流工程	澳大利亚	2000	180	±80
Tjaereborg 特贾雷堡柔性直流工程	丹麦	2000	7.2	±9
Eagle Pass 伊格尔帕斯柔性直流工程	美国-墨西哥	2000	36	±15.9
Cross Sound Cable 康涅狄克-长岛柔性直流工程	美国	2002	330	±150
Murray link 墨累柔性直流工程	澳大利亚	2002	220	±150
Troll 北海柔性直流工程	挪威	2005	84	±60
Estlink 北欧柔性直流工程	爱沙尼亚-芬兰	2006	350	±150
HVDC Valhall 海上柔性直流工程	挪威	2010	78	±150
上海南汇柔性直流工程	中国	2011	20	±30

工程名称	国家	投运时间	额定功率/MW	直流电压/kV
南澳多端柔性直流工程	中国	2013	200	±160
舟山多端互联工程	中国	2014	400	±200
厦门柔性直流工程	中国	2015	1000	±320
鲁西背靠背柔性直流工程	中国	2016	1000	±350
渝鄂柔性直流背靠背联网工程	中国	2019	2500	±420
张北柔性直流工程	中国	2020	3000	±500

柔直换流站主要设备有换流变压器、换流阀、直流电容器、交流滤波器、阀塔和水冷设备。从目前已经建成和正在建设的柔性直流工程来看，换流站的造价一般占总工程造价的 30%～40%，电压等级越高换流站造价占总工程造价的比例越高。有关测算表明，额定功率 300MW、输电距离 70km 的陆上柔性直流工程的换流站造价约为 6 亿元。

常规直流输电的换流站功率损耗一般只有系统额定功率的 0.5%～1%，而柔性直流输电的换流站损耗不低于 1%。

由此可见，与常规直流输电系统相比，柔性直流输电系统换流站的造价大、损耗高，经济性略差。随着大功率电力电子器件的成熟和成本降低，柔性直流输电的经济性可大幅提升。

2. 应用情况

目前，世界范围内欧洲、大洋洲、美洲、亚洲、非洲的 16 个国家均有柔性直流输电工程投运或在建。世界上最早应用柔性直流输电的地区集中在欧洲，目前欧洲也是柔性直流输电项目最多的地区。欧洲多个国家临海，为了开发和利用新能源，建设和规划了大量的海上风电平台，有功功率在数百兆瓦左右，距离本岛大约 60～70km，这些风电平台通过柔性直流输电和本岛连接无疑是最适合的实现手段。

具有代表性的国外工程有：

（1）赫尔斯扬实验性工程。1997 年投入运行的赫尔斯扬实验性工程是世界上第一个采用电压源换流器的直流输电工程。该实验性工程的有功功率和电压等级为 3MW/±10kV，这个工程连接了瑞典中部的赫尔斯扬和哥狄斯摩两个换流站，输电距离 10km。工程于 1997 年 3 月开始试运行，随后进行的各项现场试验表明，此系统运行稳定，各项性能都达到预期效果。该工程将赫尔斯扬的电能输送到哥狄斯摩的交流系统，或者直接对哥狄斯摩的独立负荷供电。在后一种情况下，相当于柔性直流输电系统向无源负荷供电，此时负荷的电压和频率均由柔性直流输电的控制系统决定。此工程在世界上首次实现了柔性直流输电技术的工程化应用，第一次将可关断器件阀的技术引入了直流输电领域，开创了直流输电技术的一个新时代。柔性直流输电系统的出现，使得直流输电系统的经济容量降低到了几十兆瓦的等级。同时，新型换流器技术的应用，为交流输电系统电能质量的提高和传统输电线路的改造提供了一种新的思路。

（2）卡普里维联网工程。为了从赞比亚购买电力资源，纳米比亚电力公司打算将其东北部电网和中部电网进行连接。由于这是两个非常弱的系统，并且传输的距离较长（将近1000km），所以选择使用了柔性直流输电系统，以增强两个弱系统的稳定性，并借此可以和电力价格较昂贵的南非地区进行电力交易。根据实际情况，工程建设一个直流电压为350kV的柔性直流输电系统，其额定功率为300MW，连接了卡普里维地区的赞比西河换流站和中部地区的鲁斯换流站，线路长约970km。工程于2010年投入运行，将柔性直流输电系统的直流侧电压提升到350kV，并且是世界上第一个使用架空线路进行传输的商业化柔性直流输电系统。

（3）传斯贝尔电缆工程。传斯贝尔柔性直流工程是联结匹兹堡市的匹兹堡换流站和旧金山的波特雷罗换流站，线路采用一条经过旧金山湾区海底的高压直流电缆，全长88km。工程建立的初衷是为东湾和旧金山之间提供一个电力传输和分配的手段，以满足旧金山日益增长的城市供电需求。但是由于旧金山其他电源接入点的建立，该换流站的主要职能由电力传输更多地转向调峰调频。工程于2010年投运后，有效改善了两个地区电网的安全性和可靠性。

具有代表性的国内工程有：

（1）两端工程。厦门柔性直流工程。额定电压±320kV，额定容量1000MW，直流线路总长10.7km，全部采用陆地电缆，跨海段通过隧道进入厦门岛。厦门±320kV柔性直流工程是在浙江舟山±200kV柔性直流工程的应用基础上，电压等级首次提升至±320kV，从伪双极调整为真双极接线。工程于2015年12月投运，是当时世界上电压等级最高和输送容量最大的柔性直流工程。

（2）多端工程。舟山多端柔性直流输电工程包括定海换流站（舟山本岛）、岱山换流站（岱山岛）、衢山换流站（衢山岛）、洋山换流站（洋山岛）、泗礁换流站（泗礁岛）共计五座±200kV换流站，换流站直流额定功率分别为400、300、100、100、100MW。工程新建4回±200kV柔性直流输电线路，包括舟山本岛北部至岱山岛1回，输送容量400MW；岱山岛至衢山岛1回，输送容量100MW；岱山岛至洋山岛1回，输送容量200MW；洋山岛至泗礁岛1回，输送容量100MW，工程地理接线图如图1-2所示。舟山五端直流工程主要满足舟山地区负荷增长需求，提高供电可靠性，形成北部诸岛供电的第二电源；提供动态无功补偿能力，提高电网电能质量；解决可再生能源并网，提高系统调度运行灵活性。2016年12月，±200kV超高速机械隔离开关与大功率IGBT全桥级联组件相结合的混合式高压直流断路器在舟山五端直流工程

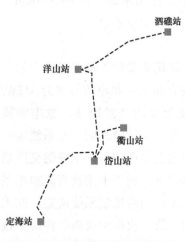

图1-2 舟山多端柔性直流输电
工程地理接线示意图

投运，开断能力为 15kA，开断时间约为 3ms。

南澳柔直工程。工程是首个±160kV 多端柔性直流工程，工程在南澳岛上的青澳、金牛各建设一座换流站，在澄海区建设一座换流站，三个站额定容量分别为 50、100MW 和 200MW，建设直流电缆混合输电线路 40.7km。

张北柔直工程。作为目前世界上电压等级最高、输送容量最大的柔性直流工程，输电电压达±500kV，单换流器额定容量达 1500MW，首次研制并应用具备大电流开断能力的直流断流器、高参数 IGBT 换流阀、适应于直流电网的控制保护系统、交流耗能装置等关键设备，创造了 12 项世界第一，是国际上首个真正具有网络特性的直流电网工程。

（3）背靠背工程。渝鄂柔性直流背靠背联网工程。工程分为南北两个通道，位于渝鄂断面现有九盘—龙泉、张家坝—恩施 500kV 输电通道上，在宜昌、恩施新建 2 座柔性直流背靠背换流站，每座换流站建设 2×1250MW 柔性直流换流单元。渝鄂柔性直流背靠背联网工程实现了川渝电网与华中电网异步互联，在世界上首次将柔性直流输电电压提升至±420kV，电力输送容量达 5000MW，对优化电网格局、促进能源供给侧结构性改革、提升电网科技水平具有重要意义。

鲁西背靠背直流工程。工程是世界上首次采用大容量柔直与常规直流组合模式的背靠背直流工程，柔直单元容量达 1000MW，直流电压达±500kV。工程可有效化解交直流功率转移引起的电网安全问题，简化复杂故障下电网安全稳定策略，避免大面积停电风险，提高中国南方电网主网架的安全稳定运行。

1.2.3 柔性交流输电技术

1. 技术特点

柔性交流输电技术（Flexible AC Transmission Systems，FACTS）基于大容量电力电子器件，在响应速度、连续调节等方面相较于传统交流输电有着明显优势。近年来，第三代 FACTS 设备在我国电网实际工程中取得了应用，在改善电网潮流和控制电压稳定等方面显现出了较大的作用。其中，最具代表性的器件有：统一潮流控制器（Unified Power Flow Controller，UPFC），线间潮流控制器（Interline Power Flow Controller，IPFC）和高速开断断路器。

（1）UPFC。1992 年，L.Gyugyi 提出了 UPFC 的概念，是迄今功能最全面的 FACTS 装置，包括了电压调节、串联补偿和移相控制等所有能力，可以同时并快速地控制输电线路中的有功功率和无功功率，通常是由 2 台电压源型变换器通过共用的直流母线背靠背连接而成，其中一台作为串联变换器，另一台作为并联变换器。这种结构相当于理想的交-交变流器，有功功率可以在两个换流器的两个交流端子之间在任一方向自由流动，每个换流器的交流输出端都可独立地发出或吸收无功功率。

（2）IPFC。与 UPFC 一般仅控制单一通道潮流不同，IPFC 可同时控制多条输电通道潮流。IPFC 由多个有着共同直流母线的背靠背电压源换流器构成，每个换流器都为各自所在线路提供串联补偿，IPFC 需要选取一条潮流裕度较大的线路作为其辅控线路，由该线路耦合换流器进行公共直流母线的电容稳压。IPFC 对各条线路具有独立可控的串联无功补偿能力，并在补偿线路之间直接传递有功功率，通过有功功率平衡疏通减少过负荷线路的负担，补偿线路的阻性压降和相应的无功功率需求，增加系统在动态扰动下的整体补偿效果，并保证这种补偿效果的有效性。与其他 FACTS 设备相似，IPFC 自身并不产生有功功率，所以各换流器之间的有功交互处于动态平衡状态，即 IPFC 自身相对于整个系统而言，既不吸收有功功率，也不发出有功功率。

（3）高速开断断路器。高速开断断路器较常规断路器开断速度更快，在故障期间先于常规断路器动作，动态改变系统拓扑结构，从而抑制故障点短路电流水平，降至常规断路器遮断容量。目前，高速开断断路器可实现短路电流在 1ms 以内被截流，3ms 之内衰减到零，故障被完全切除。为确保有效限制系统短路电流，高速开断断路器控制保护系统的动作时间一般要求控制在 5～10ms。相应的二次部分如故障的检测识别以及动作出口等必须具有足够高的动作速度，以降低断路器整体动作时间。高速开断断路器在以下几个方面具有较大优势：控制短路电流的速度仅为传统断路器保护方式的 1/25；截流值仅为预期短路冲击电流的 1/7～1/6，大大减少系统承受的电动力；可将开断过电压限制在 2.5 倍的额定相电压以内；开断容量可以做到 240kA。

2. 应用情况

国外在运的 UPFC 工程分别是美国 Inez 地区的 UPFC，规模为 138kV/320MVA；韩国 Kangjin 地区的 UPFC，规模为 154kV/80MVA；美国纽约 Marcy 地区的 UPFC，规模为 345kV/200MVA。总体来看，国外虽然已有 3 套 UPFC 装置投入运行，但限于当时的技术水平，仍处于积累运行经验的阶段，在降低运行损耗、提高运行可靠性、满足电网需求等方面，还有很多需要进一步完善的地方。近年来，我国在 UPFC 上的技术和应用上取得了突破。南京 220kV 西环网 UPFC 示范工程，为我国首个自主知识产权的 UPFC 工程，也是国际上首个使用模块化多电平换流（MMC）技术的 UPFC 工程。2017 年 12 月 19 日苏州南部电网 500kV UPFC 示范工程投运，为世界上电压等级最高、容量最大的 UPFC 工程，在世界范围内首次实现 500kV 电网电能流向的灵活、精准控制。

2021 年 5 月，位于浙江宁波的 500kV 天一变电站 220kV 快速开关和快速控保项目启用，高速开断断路器在浙江电网正式应用。

1.2.4 低频输电技术

1. 技术特点

低频输电（Low Frequency AC Transmission System，LFAC）是一种新型的输电方式，通过降低系统工作频率，一方面线路感抗随频率下降而减小，使得输电线路阻抗大幅降低，等效缩短线路的电气距离；另一方面线路容抗随频率下降而增大，可减少电缆线路充电无功，提升线路的输送容量，是未来具有发展前景的海上风电并网输电方式之一。

（1）低频风机。双馈异步风机（Double Fed Induction Generator，DFIG）和永磁直驱风机（Permanent Magnet Synchronous Generator，PMSG）是主流的两种变速恒频风机。低频环境会导致 DFIG 体积增大，但也大大降低了齿轮箱变速比，研究表明当频率降为 16.67Hz 时，单个 DFIG 机组成本相较工频降低 5.2%。PMSG 与系统通过交直交换流器相连，因为直流环节的隔离作用，电机本体不受低频环境的影响，只需对厂用电供电系统进行低频化改造即可应用于低频输电的场景，更适合海上风电接入及海岛供电等场景。

（2）低频变压器。低频变压器铁芯截面和线圈绕组匝数较工频变压器有所增加，提高了变压器的造价和海上变电站平台成本。

（3）低频断路器。当系统频率降低时，断路器的燃弧时间会变长，较长的燃弧时间对各种灭弧介质与灭弧机理的断路器都会造成短路电流开断的困难。对于真空断路器而言，较长的燃弧时间将导致断路器触头表面过热，这样在电流零区的金属蒸汽密度会较高，从而导致开断能力下降。断路器短路电流开断能力与频率的平方根成正比，因此在低频环境中可采用电压等级更高的传统断路器代替低频断路器。

（4）低频电缆。电缆在低频环境下可输送有功功率比在工频环境下有较大的提升，且电缆截面积越大，降低频率对载流量的提升效果越明显。频率降低后电缆的导体损耗、绝缘损耗、护套损耗及铠装损耗均降低。试验表明在 20～80Hz 范围内频率的变化对电缆绝缘性能影响较小。

2. 应用情况

低频输电技术发展经历了三个阶段，分别是：通过倍频变压器、同步变频机等设备实现频率变换，基于半控型器件晶闸管构成周波变换器实现频率变换，基于全控型电力电子器件的柔性低频输电技术。

第一代低频输电技术的同步变频机在德国、美国的电气化铁路中应用已近百年。20 世纪初期，受制于串励电机的转子火花以及工频涡流损耗等问题，部分国家构建了铁路供电专用 16.7Hz 或 25Hz 电力系统。同时期，美国纽约州受大量重工业串励电机限制，也采用了 25Hz 同步变频机与 60Hz 主网互联。

第二代基于半控型器件的交交变频器广泛应用于变频电机的驱动领域，在德国铁路电网中也曾有极少量基于汞弧阀和晶闸管的 50Hz/16.7Hz 静止变频器，但都是基于单相铁路供电拓扑。

第三代柔性低频输电技术的提出，使得高压、大容量、远距离低频输电具备了技术可行性。在海上风电送出、海上平台供电与海岛供电场景中，柔性低频输电系统极具应用潜力。2022 年 6 月，台州 35kV 柔性低频输电示范在浙江省台州市投运，这是国际上首个柔性低频输电示范工程。

1.2.5 超导输电技术

1．技术特点

超导输电技术是利用高密度载流能力的超导材料发展起来的新型输电技术，利用处于超导态的超导体具有高密度无阻载流的能力，实现大容量、低损耗的电力输送，超导输电电缆主要由超导材料、绝缘材料和维持超导状态的低温容器构成。由于超导材料的载流能力可达到 $100\sim1000A/mm^2$（约是普通铜或铝的载流能力的 $50\sim500$ 倍），且其传输损耗几乎为零（直流下的损耗为零，工频下会有一定的交流损耗，约为 $0.1\sim0.3W/kAm$），因此，超导输电技术具有显著优势，主要可归纳为：

（1）容量大。一条 $\pm800kV$ 的超导直流输电线路的传输电流可达 $10\sim50kA$，输送容量可达 $16\sim80GW$，是普通特高压直流输电的 $2\sim10$ 倍。

（2）损耗低。由于超导输电系统几乎没有输电损耗（交流输电时存在一定的交流损耗），其损耗主要来自循环冷却系统，因此其输电总损耗可降到常规电缆的 $25\%\sim50\%$。

（3）体积小。由于载流密度高，超导输电系统的安装占地空间小，土地开挖和占用少，征地需求小，使利用现有的基础设施敷设超导电缆成为可能。

（4）重量轻。由于导线截面积较普通铜电缆或铝电缆大大减小，因此，输电系统的总重量可大大降低。

（5）增加系统灵活性。由于超导体的载流能力与运行温度有关，可通过降低运行温度来增加容量，因而有更大的运行灵活性。

（6）如果采用液氢或液化天然气等燃料作为冷却介质，则超导输电系统可变成"超导能源管道"（Superconducting Energy Pipeline），从而在未来能源输送中具有更大的应用价值。

2．应用情况

美国、日本是超导输电研究的领军国家，德国、中国和韩国等也都相继开展了高温超导输电的研究和工程示范。

（1）高温超导材料。超导材料是发展超导输电技术的根本物质基础和技术基础，1987 年以来，超导输电技术的研究主要围绕高温超导材料开展。

在钇（Y）系超导材料研制中，日本 Fujikura 公司于 2010 年 10 月份制备出长度达615m、临界电流达到 609A 的带材，2011 年 4 月份又制备出长度为 816m、临界电流为572A 的钇钡铜氧（YBCO）带材。美国 SuperPower 公司采用离子束辅助沉积技术和金属有机物化学气相沉积法（IBAD＋MOCVD）已经可以批量制备千米级 YBCO 超导带材，最长单根超导带材达到 1311m、临界电流约 300A。美国超导公司（AMSC）采用轧制辅助双轴织构基带技术/金属有机物化学溶液沉积技术（RABiTS/MOD）制备出 YBCO超导带材的最大长度为 520m。我国在 YBCO 超导带材制备上取得了重要进展，北京有色金属研究总院制备出临界电流超过 200A 的米级 YBCO 超导带材，而上海交通大学采用全激光沉积（PLD）在轧制辅助双轴织构（RAbiTS）基带上进行过渡层和超导层的生长研究，获得了长度 100m、临界电流达到 170A 的 YBCO 超导带材。

2001 年日本科学家发现的二硼化镁（MgB_2）超导材料，其超导转变温度达 39K。MgB_2 超导材料具有结构简单、易于制造、成本低廉等优点，可运行于液氢温度（27K）下的超导输电。目前，意大利 Columbus 公司和美国 HyperTech 公司均可商业化制备并批量生产千米级 MgB_2 长线，中国科学院电工研究所和西北有色金属研究院也具备制备百米量级的 MgB_2 导线的能力。

2008 年初，日本科学家发现一种新型超导体——铁基超导体，在世界范围内兴起了一股新的超导研究热潮，其中中国科学院物理研究所赵忠贤院士将铁基超导体的临界温度提高到了 55K。2008 年中国科学院电工研究所率先制备出铁基超导带材，2014 年制备的铁基超导带材在液氦温度和 10T 磁场下的临界电流密度已达到 $1000A/mm^2$ 以上。

2018 年美国麻省理工学院和哈佛大学研究人员在双层石墨烯结构中发现了与常温超导体类似的超导特性，为高温超导研究提供了重要的新思路。

（2）超导直流电缆。2010 年，日本中部大学完成了一组 200m 长的 ±20kV/2kA 高温超导直流电缆的研制和实验。2014 年，韩国在济州岛开始示范一组 500m 长的 ±80kV/500MW 的超导直流输电电缆，并利用该电缆作为可再生能源接入电网的通道。2015 年由千代田化工建设、住友电工、日本中部大学及樱花互联网公司组成的研究协会成功进行了一条 500m 长的 1.5kA/100MVA 高温超导直流电缆测试，将用于连接樱花互联网公司建设的一个太阳能发电系统和石狩数据中心，从而使直流太阳能电力不需要转换成交流电，就能被数据中心使用。2013 年，中国科学院电工研究所与河南中孚公司合作，在中孚铝冶炼厂建成长 360m、电流达 10kA 的高温直流超导电缆。该电缆采用架空方式布线，连接变电所的整流装置将电流输送到电解铝车间的汇流母线。

美国电力科学研究院对超导直流输电系统所做的技术经济评估表明，如果超导带材的价格可降低到 20～50 美元/kAm，超导直流输电技术的技术经济性和常规直流输电技术相比将具有明显优势，因而随着技术的不断发展及超导带材价格的不断降低，未来可望得到重要应用。

（3）超导交流电缆。美国南方电线公司于 1991 年首先将 30m 长的 12.5kV/1.25kA 三相交流高温超导电缆安装在其总部进行供电运行。丹麦于 2001 年研制出 30m 长的 36kV/2kA 三相交流高温超导电缆并进行并网运行试验。2008 年 4 月，610m 长的 138kV/2.4kA 三相交流高温超导电缆在美国纽约长岛投入商业运行。2011 年 9 月，500m 长的 22.9kV/1.25kA 三相交流高温超导电缆在首尔韩国电力公司附近的配电网投入示范运行。

2021 年 9 月，我国首条 10kV 三相同轴高温超导交流电缆在深圳投运，该电缆采用三相同轴低温绝缘结构，直径 17.5cm，长 400m，输电容量 43MVA，可实现 5 倍于常规电缆的输电能力。2021 年 11 月，在上海建设的 35kV 公里级超导电缆示范工程全线贯通，使超导电缆长度从几百米突破到了 1km 以上，解决了关键性难题。高温绝缘型超导输电电缆如图 1-3 所示。

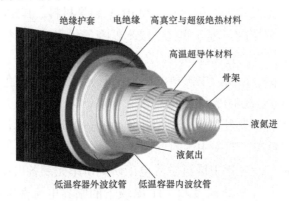

图 1-3　高温绝缘型超导输电电缆

1.3　配电及用电领域

配电及用电领域是落实能源清洁低碳转型的重要领域，该领域新技术主要以清洁低碳、灵活高效为主要研究方向。随着电动汽车等新型负荷的快速发展，基于电动汽车的 V2G 的概念得到广泛认同，V2G 技术的核心是通过车网互动，实现资源高效利用。为了实现低排放、低能耗取暖，清洁能源供暖技术快速发展，电供暖是清洁能源供暖的重要形式。港口岸电技术可以实现船舶靠港时直接接用港口码头陆上电源，降低靠港船舶供电系统的运行和维护成本，提高能源利用效率。局域能源互联网技术推动配电网从单一供电系统向电、气、热、冷等多能联合供应转变，从单一能量流向能量流、信息流、价值流自律协同的局域能源互联网转变，进一步推动能源结构清洁化转型。

1.3.1　电动汽车 V2G（Vehicle to Grid）技术

电动汽车作为新能源汽车的主要成员，在电力电子技术的推动下不断发展壮大。电动汽车可分为纯电动汽车、混合动力电动汽车、燃料电池电动汽车三种类型。车载大容量动力电池可以作为分布式储能单元，虽然单个电动汽车中的储能电池容量不大，但是大量的电动汽车接受电网的统一调度管理时，将产生非常深远的影响。研究表明，90%以上的电动汽车平均每天行驶时间仅为 1h 左右，95%的时间处于闲置状态。为了合理有效利用该能量，V2G（Vehicle to Grid）技术应运而生。

1. 技术特点

V2G 技术实现了电网与车辆的双向互动，其目的在于利用电动汽车电池的闲置价值，一方面通过削峰填谷可以改善电网的负荷曲线，实现负载均衡，有效降低电网峰谷差，降低传统调峰备用发电容量，提高电网利用率；另一方面，研究发现连接至工作于无功补偿模式下的充电器时电动汽车电池寿命并不会降低，这种特性使得电动汽车非常适合于无功补偿，通过本地主动补偿或者电网调度方式为电网提供无功，减少不必要的无功补偿装置，优化电网结构以及运营成本。通过 V2G 这种方式，一方面可以减少电网的运行成本，从而带来潜在的收益；另一方面电动汽车车主也能通过将电能回馈电网的方式获利，实现用户与电网之间的互利共赢。V2G 技术如图 1-4 所示。

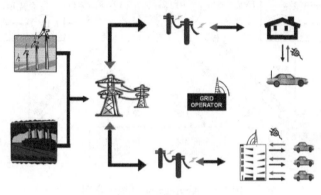

图 1-4　V2G 技术

（1）电网对 V2G 进行智能调度。电网各个发电单元的作用不相同：容量较大的发电单元价格便宜，但是响应速度慢，适用于提供基本负荷；容量较小的单元价格昂贵，但响应速度快，一般用于峰值负荷。因而电网规划应充分利用 V2G 以减少电网对昂贵发电单元的依赖和无功补偿装置的使用。这就需要电网根据自身的负荷状况、可再生能源的发电状况以及 V2G 单元可用容量等信息，事先计算出对各 V2G 单元的有功和无功需求，并给出合理的电价。

对此问题的处理可以分为两种方式，第一种是由电网直接对接入的每台电动车连同其他发电单元进行统一调度，采用智能算法控制每台汽车的 V2G 运行。但是，这种方式会使问题变得异常复杂。此外，这种方式是从电网的角度来考虑的，并没有从用户的角度进行分析。第二种方式是在电网与电动汽车群之间建立一个中间系统，称为聚合商（Aggregator）。该中间系统将一定区域内接入电网的电动汽车组织起来，成为一个整体，服从电网的统一调度。这样电网可以不必深究每台电动车的状态，只需按照其需求向各个中间系统发出调度信号（包括功率的大小、有功还是无功以及充电还是放电等），而对电动汽车群的直接管理则由中间系统来完成。Aggregator 系统示意图如图 1-5 所示。

（2）用户对 V2G 进行智能充电管理。电动汽车 V2G 的智能充放电管理策略描述的是这样一个过程：中间系统根据电动汽车的充电需求对能量进行合理的供应，同时根据电网需求将电动汽车能量反馈给电网。对于每一台与电网相连的电动汽车而言，一方面要通过 V2G 来提供辅助服务，另一方面还要从电网获取能量为电池充电。但是，不论是提供辅助服务（放电）还是从电网获取能量（充电），其过程并不是随意且毫无限度的，它需要实时考虑电动汽车当前及未来的状况，如电池荷电状态（SOC）、未来行驶计划、当前的位置、当前电力价格以及连网时间等信息。这样做是为了在保证正常行驶的前提下使用户获得最优收益。

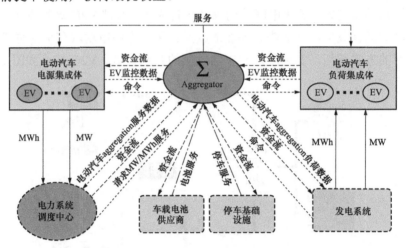

图 1-5　Aggregator 系统示意图

对于电动汽车智能充放电管理策略的研究，目前主要涉及如何对各电动汽车进行协调充电；制定管理策略寻找最大化车主利益的最优方案，例如在电价便宜时为电动车充电，电价昂贵时向电网提供服务。目前提出的大多数管理策略只适用于 V2G 运行的某一方面，例如频率调节或调峰，而并未提出统一的策略。另外，电动汽车限制条件对管理策略的制定具有很大的影响，现在的研究为了使问题简化往往只考虑电池的容量及 SOC 限制，而对于其他限制因素研究较少。

（3）车网友好互动引导与经济运行技术。随着电动汽车市场规模的不断扩大，电动汽车的无序充电对配电网络的电能质量和运行经济性带来了不利影响。配电网为减少负荷峰谷差，期望电动汽车在配电网高峰负荷时段减少充电，对电动汽车用户进行有效的变功率充电引导，实现电动汽车充电站与配电网的友好互动。具体来说，车网友好互动引导技术在分析用户出行行为、充电行为以及动力电池的衰退模型基础上，考虑电动汽车用户的消费心理，通过制定电池寿命引导的电动汽车变功率充电策略和基于分时、分域充电价格市场机制引导的电动汽车有序充电策略，找到可参与调度的电动汽车用户充电需求与电网期望的电动汽车充电需求之间的平衡点，实现减少用户充电时间和充电费用、电网经济运行等目标。在未来，还可借助"互联网＋"的思维实现电动汽车充电网络信息共享，充电用户基于信息共享平台即可获取充电网络供需状态，使电动汽车充电的有序引导策略得到更好的响应。

目前对电动汽车充电服务市场机制定价以及与用户引导互动的研究与实践尚未成熟，缺乏成熟、系统的理论依据。在电动汽车用户的充电行为研究方面，主要有以减少充电成本为目标的最优充电时段的确定以及最大限度利用谷时段的充电策略等研究，以单方面的优化目标为主。在电动汽车充电服务市场机制价格的研究方面主要从两个角度展开，一是从引导电动汽车有序充电角度，对峰谷价格及时段进行优化；二是从政策角度出发，对充电服务费用收取依据进行理论分析。

（4）V2G 双向充电器。一般来讲，双向充电器由滤波器、双向 DC-DC 变换器以及双向 AC-DC 变换器组成。当充电器工作于电池充电模式时，交流电首先通过滤波器滤除不期望的频率分量，然后通过双向 AC-DC 变换器将交流整流成直流。由于双向 AC-DC 变换器的输出电压可能与直流储能单元的电压不匹配，还需要一个双向 DC-DC 变换器来保证合适的充电电压。当变换器工作于电池放电模式时，其过程则恰好相反。

目前，对于双向充电器的研究主要集中在拓扑结构的选择、集成以及控制策略上，其目的是在保证充电器正常功能的条件下，尽可能提高效率、降低成本、减少体积和重量，并使总谐波畸变最小。

（5）V2G 电池技术。电动汽车的拥有者可以通过 V2G 向电网回馈能量，从而产生一定的收益。但是，实际上这些收益的一部分是以 V2G 设备的损耗为代价的，特别是车载电池的损耗。现有电池的寿命是一定的，不断对电池进行充电和放电必然会使其可用次数减少，容量降低。

（6）电动汽车无线充电技术。电动汽车无线充电技术摒弃了电动汽车的插入型电缆，利用无线电能传输技术实现电源到车载电池组的非接触式新型电能接入模式。电动汽车与电网的互动关键在于电动汽车的能量在受控状态下实现与电网之间的双向互动和交换。互动能力越强，电动汽车对智能电网的积极作用越显著。相对于传统的有线充电技术，无线充电方式直接在原有的停车位下方或者在已有的路面下方埋设充电线圈实现充电。车主将车驶入停车位或在车辆行驶中，只需设定程序即可实现自动充电，减少了与电网连接互动的繁琐程序，客观上增加了用户电动汽车与电网的互动意愿。

2. 应用情况

目前国内外研究团队已经对电动汽车无线充电技术相关问题开展了一系列研究，主要集中在无线充电技术的原理及系统建模、系统拓扑结构设计与优化、传输效率与传输功率优化及电磁环境等方面。国外开展电动汽车无线充电技术研究的高校和科研机构主要有新西兰奥克兰大学、韩国高等科学技术学院（KAIST）、美国橡树岭国家实验室（ORNL）、美国犹他大学、美国密歇根大学、日本埼玉大学、东京大学等。美国橡树岭国家实验室在 2018 年宣布实现了 120kW 的大功率无线充电系统，效率高达 97%；美国密歇根大学 Chris Mi 教授团队 2015 年提出了应用于电动汽车的双边 LCC 补偿拓扑结构，实现了输出电流与负载的解耦，该拓扑得到了广泛应用。此外，美国高通 Halo、Evatran、Momentum Dynamics、WiTricity、HEVO POWER 以及加拿大 ELIX 和 Bombardier 等国外各大公司、企业也投入了大量财力、物力进行电动汽车无线充电技术的研究，其中美国高通公司的 Halo 系统已实现 3.3～20kW 的输出功率，整机效率大于 90%；美国 WiTricity 公司面向纯电动汽车和混合动力汽车的无线充电系统

Drive11，最高可提供 11kW 的输出功率，效率最高达 93%，并在 2018 年与宝马公司合作推出了全球首款出厂配备无线充电功能的汽车——BMW 530e iPerformance，充电功率为 3.6kW；加拿大 ELIX 公司采用磁动力耦合 MDC 技术实现了 7.7kW 的输出功率；美国 Evatran 公司提出的 PLUGLESS 无线充电系统也已实现 3.6kW 和 7.2kW 的功率传输；2017 年雷诺纯电动厢式货车已在法国完成了动态无线充电测试，测试中最高时速达到了 100km/h，而实验路段的充电功率为 20kW。

国内也相继开展了对电动汽车静态无线充电的研究，主要的高校、科研机构有重庆大学、哈尔滨工业大学、东南大学、天津工业大学、清华大学、中科院等。重庆大学研发的"电动汽车动态无线充电系统"于 2018 年在江苏同里投运，输出功率达到 11kW，最高效率为 90% 以上。2021 年，广西电科院在广西南宁建成全国首个 60kW 等级电动汽车移动式无线充电示范工程，示范工程充电车道长 53m，宽 3m，充电效率达到 80% 以上。工业和信息化部于 2020 年至 2021 年间发布了 GB/T 38755《电动汽车无线充电系统》系列标准，对通用要求、通信协议、特殊要求、电磁环境限值、车辆端和地面端的互操作性、电磁兼容性等方面进行了规范。另外，国内也有不少企业开展了电动汽车无线充电技术的研究，主要有中兴新能源汽车、中惠创智无线供电技术有限公司、厦门新页科技有限公司、北京有感科技有限责任公司、苏州安洁无线科技、浙江万安科技股份有限公司、青岛鲁渝能源科技有限公司等，其中，中兴新能源汽车已经成功搭建了九条运行无线充电线路，可以提供 3.3～60kW 充电功率，充电效率达到 91%，整体效率不低于 86%。电动汽车无线充电系统示意图如图 1-6 所示。

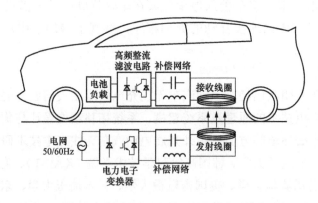

图 1-6 电动汽车无线充电系统示意图

1.3.2 清洁能源供暖技术

我国北方地区清洁取暖是落实"四个革命、一个合作"能源安全新战略、打赢蓝天保卫战、实现碳达峰碳中和的重要举措。截至 2019～2020 年采暖季结束，北方地区清洁取暖面积达 $1.3 \times 10^{10} m^2$，清洁取暖率达 65%，其中京津冀及周边地区超过 80%；

替代散煤（含低效小锅炉用煤）1.4×10^8t 以上，对本地 PM2.5 平均浓度改善和空气质量综合指数改善贡献率均达三分之一以上。《北方地区清洁取暖规划（2022～2025 年）》提出东北地区的吉林、黑龙江、辽宁气候严寒、供暖周期长，供热量占全国需求总量的三分之一，清洁取暖发展基础薄弱，且经济发展相对滞后，农村居民收入相比重点区域较低，农村清洁取暖率可在《北方地区清洁取暖规划（2017～2021 年）》中其他地区 2021 年 40%的目标基础上适度提高，平原地区农村清洁取暖率设置为 50%～70%较为合适。西北地区的内蒙古、新疆、甘肃、青海等地区光伏资源、风能资源较为丰富，农村清洁取暖率现状为 10%～40%，通过推动农村电气化发展可将取暖率提高至 70%～100%。

电采暖是清洁取暖的重要组成部分，是将清洁的电能转换为热能的一种优质舒适环保的清洁供暖方式，具有高品质、清洁、低碳、高效等优势，在热力管网覆盖不到的区域及可再生能源发电规模较大区域具有优势，目前已经在欧美，日韩等地区广泛使用。

1. 技术特点

电采暖按供热方式不同可分为集中式电采暖和分散式电采暖两个类型。集中式电采暖，经供热管网将热能输送到用户，使用户受热均匀，但不能自主控制温度，需同步建设供热管网，可在大型公共建筑、园区、产业基地、居民住宅等热力管网覆盖区域推广。集中式电采暖主要有大型蓄热式电锅炉、大型热泵（空气源、地源、水源）、热电联产等方式。分散式电供暖采用分户设置，在用户住宅内独立安装，使用方便、运行灵活，但对房屋保温性能有一定要求，一般还须配套电网和户内线升级改造。分散式电采暖主要有直热式、蓄热式和热泵等形式。

（1）直热式电采暖。直热式电采暖的主要原理与蓄热式电采暖相似，都是直接将电能转化为热能，但其为直接放热，通过电磁感应加热方式或电阻（电加热管）加热，把热水或其他有机载体加热到一定温度再向外输出热能。直热式电暖器设备采用了空气动力学原理，以大面积空气微循环方式导热，使整体空间的温度在短时间内均匀上升，并且不会产生噪声和多余的能耗。

直热式电暖器主要特点为占地面积小、设备投资小、外形尺寸小且方便搬运，其放热温度可由用户根据室内温度状况进行快速、方便的调节达到不同用户的不同要求。但由于其没有蓄热装置，所以无法使用低谷时段电力导致其运行费用较高，所以并不建议推广使用。

因直热式电暖器具有小巧，方便移动等特点，所以现在其较多使用于家庭的卧室、客厅、厨房等场所，初步替代原始供暖设备，可采取分户独立安装，根据用户对温度的需求以及房屋大小灵活安排运行计划。

（2）蓄热式电采暖。蓄热式电采暖主要原理是将电能直接转化为热能，通过蓄热装置在低谷用电时段进行蓄热，在白天平段以及用电峰值时段可将热量缓慢释放出来。

蓄热式电采暖散热以自然辐射对流为主，转换效率高；运行安全可靠，全年免维护；清洁环保，无污染物排放，属于绿色供暖；蓄热式电暖器调节灵活，可通过削峰填谷提高电力运行效率，节省能源。

蓄热式电采暖主要应用于郊区或偏远地区等城市集中供暖热力网覆盖不到的地区，并且该地区实行了峰谷电价政策。因蓄热式电采暖可利用谷段电价对电暖器进行蓄热，所以电暖器的运行费用会因为电价的峰谷差异而明显下降。但房屋保温性会直接影响蓄热式电暖器的能效，而我国农村地区 90% 的房屋都存在墙体过薄的问题，且大多数房屋都没有保温措施。所以蓄热式电暖器推行的同时还面临着房屋改造的问题。并且有些地区在低谷时段电网已经有了很高的负荷，所以伴随着蓄热式电暖器的普及，配套电网也面临着升级改造的压力。

（3）热泵。空气源热泵是由电动机驱动的，其主要原理是利用蒸汽压缩制冷循环，以环境空气为冷（热）源制取冷（热）风或者冷（热）水。空气源热泵主要利用空气中的低温热源，经过传统空调器的蒸发器或冷凝器进行热能交换后通过循环系统，提取或释放热能，利用机组循环系统将能量转移到建筑物内，满足用户对生活热水、地暖或空调等多种需求。空气源热泵的特点是采用整体化设计，操作方便简单且因不需要任何燃料，所以不会产生废渣、废气和烟尘，也没有任何废气废水的排放，并且避免了安全问题例如火灾、爆炸的发生。在热泵机组运行过程中不需要补水，节约水资源。其运行不受天气限制，运行相对稳定并能保证全天候的热量供应，空气源热泵模块化机组由微电脑控制，能够自动、稳定运行。因空气源热泵采用模块化结构，不需要单独的机房和冷却水系统，并且由于结构紧凑所以方便安装。因空气源热泵的性能会随室外温度的变化而变化，所以在我国北方室外温度低的地方，由于热泵冬季供热量不足，机组的运行效率明显降低，但随着空气源热泵的技术不断的提高，常温机现已经可以在 −7℃ 甚至更低温度下使用，超低温机在 −25℃ 下依旧可以正常运行。因为空气源热泵很好地利用了空气中的低温热源，所以其能效比通常可以达到 2.0 到 3.0。

地源热泵是利用常温的地下水或土壤温度相对稳定的特性，通过深埋于建筑物周围的管路系统，利用热泵原理，通过少量的高位电能输入，实现低位热能向高位热能的转化。所以其具有高效节能、经济、节能环保的特点，且操控容易、安全性好。根据相关数据，目前地源热泵系统初投资约为 460 元/m²，传统空调系统的初投资约为 360～410 元/m²。虽然地源热泵的初投资费用较高，但其运行费用仅约为传统空调系统的一半，即 48.76 元/m²，大约四年就可以收回成本，而且相比于传统空调系统，地源热泵系统具有更长的寿命周期。可以得出结论，在寿命周期中，地源热泵空调系统投资费用远远低于传统空调系统，而且具有更高的经济效益和能源利用效率。

2. 应用情况

直热式设备将电能直接转换成热能，投资小，但电热转换效率低，电量消耗大；蓄热式设备可低谷电蓄热来满足全天供热需求，可做到停电不停暖，供暖可靠性高，但负荷增大；热泵式设备电热转换效率高，节省电能，但初始投资费用较高。

我国煤改电推行过程中，空气源热泵增长明显好于其他采暖形式，究其原因一方面是空气源热泵相较于其他采暖形式综合效益更高，另一方面是空气源热泵补贴力度较大。2016～2017 年煤改电进程最高峰，带来了空气源热泵快速增长，内销市场规模达到了巅峰值 171.2 亿元。随后，2018 年煤改电增速放缓，空气源热泵销售额有所下滑。但近几年空气源热泵需求逐渐上升，增速有所恢复。2021 年空气源热泵内销市场规模超过 2017 年峰值，达到 178.5 亿元。

2021 年欧洲能源危机日益严峻，冬季采暖成为核心需求和痛点。为应对天然气紧张及高昂能源价格，热泵将成为最佳解决方案。根据 EHPA 最新数据显示，2021 年欧洲热泵机组销售量增长 34%，热泵安装存量占欧洲供暖市场总规模 12%左右。根据国际能源署（IEA）发布的零碳目标"2045 年欧洲主要国家一般的供暖需求将由热泵取代"进行测算，2045 年欧洲热泵需求将达到 1.11 亿台。

1.3.3　港口岸电技术

1. 技术特点

船舶岸电技术是指允许装有特殊设备的船舶在泊位期间接入码头陆地侧的电网，从岸上电源获得其水泵、通信、通风、照明和其他设施所需的电力，从而关闭自身的柴油发电机，减少废气的排放。同时船舶接用码头供电系统后，可消除自备发电机组运行产生的噪声污染。船舶靠港时直接接用港口码头陆上电源，可以降低靠港船舶供电系统的运行和维护成本，提高能源利用效率，具有良好的经济效益。

根据靠港船舶的类型、船用电力的电压和频率、码头供电的电压和频率以及应用推广理念的不同，岸电系统实施方案也各不相同。目前大多数地方和国家的供电及电气设备用电频率为 50Hz，少数地区和国家的供电及电气设备用电频率为 60Hz。大多数远洋船舶的电气设备用电频率为 60Hz，内河和沿海船舶的电气设备用电频率为 50Hz，集装箱船的电气设备用电电压包括 6600、450、440、400V 和 380V 等规格。

当前对于港口岸电关键技术的研究主要集中于以下方面：

（1）研究船舶岸电规模化接入对港口调度业务的影响及控制。港口船舶岸电大规模接入，无疑将大幅增加港口调度的业务量，对港口调度业务产生深刻影响，甚至造成港口调度系统瘫痪。为了更好地解决这个问题，需要深入研究船舶岸电规模化接入对港口调度业务的影响，并制定相应的控制策略。

（2）实现船舶岸电系统与电网峰谷负荷的协调互动控制。船舶岸电系统的用电负荷特性曲线往往与电网峰谷负荷特性曲线重叠，不利于电网"削峰填谷"、缩小峰谷差值。为此，需要研究船舶岸电系统与电网峰谷负荷的协调互动技术，找出问题解决办法，从而实现船舶岸电系统用电时段对电网的"削峰填谷"作用。

（3）实现港口岸电系统的不停机切换控制。电源切换技术是港口船舶岸电系统的研究难点之一，港口岸电系统对电源切换的典型要求是不停发电机完成切换，即要求发电机不停机的状态下直接向船舶负荷并网供电，实现不间断供电。此前国内试运的船舶岸电系统大多存在热切换实现困难的问题，因此，需要对此技术进行深入研究。

（4）实现船舶岸电智能控制协调。实现岸电系统各个组成部分的综合智能控制。智能岸电系统主要由人机交互操作台、智能配电柜、智能岸电监控系统和智能岸电计量计费等硬件构成，整个系统可通过岸电监控系统进行数据监测和监控，并且配有相应的预警功能。为实现用户方便快捷地使用岸电系统，实时清晰让双方了解用电情况，保障用电安全，需要深入研究船舶岸电各组成部分之间的协调控制策略。

2. 应用情况

世界上大多数国家的船舶，除特种船外，船舶的交流电制式为：三相交流6.6kV/60Hz、三相交流 440V/60Hz 和 400V/50Hz。国际上通用的岸电供电方式大体上包括：高压岸电/高压船舶、高压岸电/低压船舶、低压岸电/低压船舶供电三种方式。其中，采用高压岸电/高压船舶/60Hz 直接供电方式的有洛杉矶港部分集装箱码头、长滩港集装箱码头；采用高压岸电/低压船舶/50Hz 直接供电方式的有哥德堡港，通过码头固定式的供电装置给滚装船和邮轮供电；采用低压岸电/低压船舶 60Hz 直接供电方式的洛杉矶港，通过趸船式的供电装置给少量集装箱班轮供电。

近年来，随着产业发展，全球港口岸电电源市场规模持续增长。截至 2021 年，全球港口岸电电源市场规模达到 19 亿美元，亚洲、北美、欧洲的市场份额分别为 33.6%、35.1%、24.3%。

为减少港口区域船舶大气和噪声污染，服务打好污染防治攻坚战，推动水运供给侧结构性改革和绿色交通发展，交通运输部于 2017 年发布《港口岸电布局方案》。截至 2019 年底全国已建成港口岸电设施 5400 多套，覆盖泊位 7000 多个（含水上服务区），其中 76% 分布在内河港口。对 29 个沿海港口和 19 个内河港口共 1088 个泊位的有效岸电使用数据分析，2019 年共使用岸电约 6 万次，总接电时间约 74 万小时，总用电量约 45GWh，合计减少氮氧化物、硫氧化物和颗粒物排放约 710 多吨。我国港口岸电电源市场规模在政策的推动下稳定增长，岸电电源市场规模从 2017 年的 18.8 亿元增长至 2021 年的 24.6 亿元。2021 年 2 月，国务院印发《关于加快建立健全绿色低碳循环发展经济体系的指导意见》，提到要加快港口岸电设施建设。2021 年 7 月，交通运输部会同国家发展改革委、国家能源局等印发了《关于进一步推进长江经济带船舶靠港使用岸电的通知》，再次推动长江经济带船舶加快受电设施改造，并引导降低船舶使用岸电综合成本。

1.3.4　局域能源互联网技术

我国正经历着世界历史上最大规模的城镇化进程，在此过程中能源领域面临能源资源消耗强度大、清洁能源利用不足等问题，综合能效水平远低于欧美等发达国家，城镇发展需要进入提质升级阶段。随着配电网技术的发展与变革，未来配电网将逐渐从单一供电系统向电、气、热、冷等多能联合供应转变，从单一能量流向能量流、信息流、价值流自律协同的局域能源互联网转变。而打破原有各能源供用系统单独规划、单独设计和独立运行的既有模式，结合"互联网＋"与人工智能等信息化技术，在规划、设计、建设和运行阶段对不同供用系统进行整体上的协调、配合和优化，最终实现一体化的能源互联网系统，是推动我国新型城镇化发展和能源结构清洁化转型的重要支撑。

1. 局域能源互联网的概念、组成与基本特征

局域能源互联网指在一定范围内，以电为核心、智能配电网为基础、清洁能源为主导，面向用户侧综合能源系统及其他用户端，能源系统与信息通信系统深度融合，电、气、冷、热等多种能源耦合互联，多能源的生产、分配、消费、存储各环节协同发展形成的局域综合供能网络，具有高效、清洁、低碳、安全、开放等特征。局域能源互联网是一个开放式的能源发展理念，会随着社会经济与能源技术的发展不断丰富完善。局域能源互联网与传统能源网络最大的区别在于新能源的大规模分布式接入与能源的综合利用，通过多能转换技术，将多种能源形式统一整合、综合利用，实现电、气、冷、热等多种用能需求协调响应。局域能源互联网在提高能源利用效率的同时，有利于能源的整体规划、优化配置与协调发展。

局域能源互联网由分布式能源、能源转换设备、储能、电动汽车充放电设施、负荷等单元构成。局域能源互联网内部实现各单元的协同自治，同时与广域能源互联网互联互通、协同运行，其能源系统、信息支撑与能源服务共同构成了一个有机整体，因此，将局域能源互联网分为能源系统层、信息支撑层与能源服务层：

能源系统层是结构坚强、运行灵活、多种能源互通互联的能源供应网络，是局域能源互联网的物质基础。局域能源互联网应满足从能源的生产、分配到消费各个环节的实现，从源—网—荷—储四个环节来划分界限，能源系统层包括能源生产与转换、能源分配、能源消费和能源存储四个环节。

信息支撑层是支撑区域内所有地域的能源通信网，是局域能源互联网的智慧支撑。信息支撑层以通信技术为基础，利用大数据、人工智能等信息技术，通过能源系统层设备状态信息的采集与检测，为能源服务层提供有效数据，实现能量流与信息流的有机融合，由信息采集、信息通信、数据分析三部分组成。

能源服务层是局域能源互联网供给侧与需求侧紧密联系的纽带，是局域能源互联网服务的管理中枢，其核心是能源综合服务与管控平台。能源服务层利用信息支撑层提供的数据资源，具备供需管理、运行控制、能源交易、综合服务等功能，可实现能源流、信息流、价值流的统一，推动各类能源主体的开放共享，实现能源系统生产、分配、消费、存储各环节的安全、高效、协调运行。

局域能源互联网发展重点在配用电层面，以电能为核心，集成气、热、冷等其他能源，通过电网、气网、热网、交通网与信息网的深度融合与灵活互动，形成高效、清洁、低碳、安全的综合供能系统，其目标形态如图1-7所示。

根据局域能源互联网的概念、组成与目标形态，可以总结出局域能源互联网具有能源协同化、能源高效化、能源商品化、能源众在化和能源信息化五个特征：

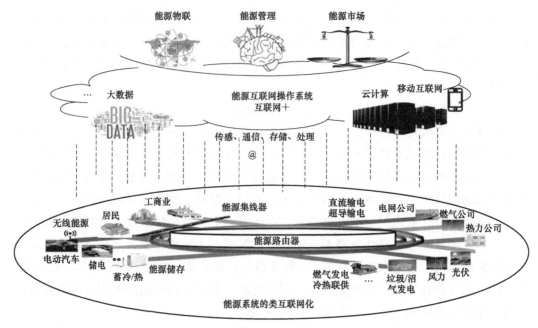

图 1-7　局域能源互联网的目标形态

（1）能源协同化。能源协同化通过多能融合、协同调度，实现电、气、热、冷等多能源的协同优势互补，提升能源系统整体效率、资金利用效率与资产利用率。

（2）能源高效化。能源高效化着眼于能源系统的效益、效用和效能，通过风能、太阳能等清洁能源的高渗透率分布式接入，提升局域能源互联网的能源综合利用效率、环境效益与社会效益。以能源生产者、消费者、运营者和监管者等用户的效用为本，推动能源系统整体效能的提升。

（3）能源商品化。能源商品化指能源具备商品属性，通过市场化激发所有参与方的参与意愿，形成能源营销电商化、交易金融化、投资市场化、融资网络化等创新商业模式。探索能源消费新模式，建设能源共享经济和能源自由交易，促进能源消费生态体系建设。

（4）能源众在化。能源众在化体现为能源生产从集中式到分布式到分散式的有机转变，能源单元即插即用、广泛互联，能源设备和用能终端可以双向通信和智能调控。能源链的所有参与方资源共享、相互合作。促进前沿技术和创新成果的及时转化，形成开放式创新体系，推动跨区域、跨领域的技术成果转移和协同创新。

（5）能源信息化。能源信息化是在物理上把能量进行离散化，进而通过计算能力赋予能量信息属性，使能量变成如同计算资源、带宽资源和存储资源等信息通信领域的资源，进行灵活管理与调控，实现基于个性化定制的能量运营服务。

2. 能源互联网的发展现状

（1）国外能源互联网技术发展现状。21 世纪以来，欧美政府面对日趋严格的节能增效、减排、使用可再生能源方面的压力，投入了大量的人力、物力、财力用于能源互联网、综合能源系统相关技术研究与商业模式建设。

1）美国。在管理机制上，美国能源部（Department of Enegy，DOE）作为各类能源资源最高主管部门，负责相关能源政策的制定，而美国能源监管机构则主要负责政府能源政策的落实，抑制能源价格的无序波动。在此管理机制下，美国各类能源系统间实现了较好协调配合，同时美国的综合能源供应商得到了较好发展，如美国太平洋煤气电力公司、爱迪生电力公司等，均属于典型的综合能源供应商。美国能源部在2001年即提出了综合能源系统发展计划，目标是提高清洁能源供应与利用比重，进一步提高社会功能系统的可靠性和经济性，重点是促进冷热电三联供技术的进步和推广应用；2007年12月美国颁布能源独立和安全法，明确要求社会主要供用能环节必须开展综合能源规划。

2）丹麦。丹麦在清洁能源领域处在世界领先地位，能源完全自给自足。2021年，风能和太阳能发电量分别为16054GWh和1309GWh，约占总耗电量的43.5%和3.5%。丹麦是全球第一个以2050年完全脱离化石燃料为目标（100%可再生能源）的国家。

为了消纳可再生能源，丹麦重点研究将不同能源系统进行整合，使其互补，研究开发各种能源资源的解决方案。丹麦给出了独立供暖系统和区域供暖系统所采用的供暖技术的现状和发展预测情况。由于地处北欧，热电联产、热泵、电热等供热技术广泛使用，使得丹麦的电力、供暖和燃气系统紧密关联，且互动日益增强。

3）德国。与丹麦注重能源系统间能量流的集成相比，德国则更侧重于能源系统和信息通信系统，乃至互联网间的集成，其中E-Energy是一个标志性项目。E-Energy是由德国联邦经济和环境部发起的四年期技术创新促进计划，总投资约为1.4亿欧元。该项目重点开发基于信息通信技术（Information & Communication Technology，ICT）的能源系统，其目标是通过数字网络实现发电的安全供给、高效率和气候保护；使用现代的ICT技术实现能源供应系统的优化；在可再生能源和通信领域创造更多交叉学科的就业机会；为高科技方案提供新型的市场；以及促进能源市场的自由化与分散化。

（2）国内能源互联网技术发展现状。我国对能源互联网关键技术研究与标准化工作高度重视，2015年政府工作报告推出"互联网＋"行动计划，能源与互联网正不断实现深度融合，极大地促进了国内能源互联网的发展；2015年4月，国家能源局首次召开能源互联网工作会议；2016年2月，国家发展改革委、能源局、工业和信息化部联合发布国家能源互联网纲领性文件《关于推进"互联网＋"智慧能源发展的指导意见》，提出了能源互联网的路线图，明确了推进能源互联网发展的指导思想、基本原则、重点任务和组织实施；2016年3月，国家"十三五"规划纲要明确提出"将推进能源与信息等领域新技术深度融合，统筹能源与通信、交通等基础设施网络建设，建设'源网荷储'协调发展、集成互补的能源互联网"；2016年4月，国家发展改革委、能源局正式发布《能源技术革命创新行动计划（2016—2030年）》，为未来我国能源互联网技术的发展制订了行动计划。国家电网作为国内最大的能源供应企业，对能源互联网技术同样高度重视，2017年10月，国家电网发布了《关于在各省公司开展综合能源服务业务的意见》，提出了向能源互联网企业转型的企业发展战略。与此同时，中国电力企业联合会牵头并组织国网经济技术研究院、中国电力科学研究院、清华大学等科研机构和高校开展国家能源互联网系统标准的制定。2020年3月，国家电网提出在2035年全面建成具有中国特色国际领先的能源互联网企业的发展战略目标。

电网企业在局域能源互联网与智能配电网的理论研究、技术创新、设备研制、实验能力等方面实现了一系列重大突破，相关示范工程建设大力推进。

1）江苏扬中示范工程于2018年7月开始建设，2020年7月开始投运。扬中能源互联网示范工程以绿电消纳与综合用能为目标，实现了区域绿电大规模发展与消纳，匹配地区负荷增长速度，有效提升了能源互动发展指数、工/商/住及可再生能源消费指数。2018~2020年能源基础设施规划建设阶段，通过分布式光伏建设、分布式/移动式储能等多项配套工程提升能效扩展空间，综合能效提升至52.2%；2020至2021年投运阶段，以能源互联网综合管控与服务平台为依托，通过交易运行技术，满足绿电消纳的中短期目标，助力示范区综合能效提升至56.3%。

2）天津北辰示范工程与江苏扬中示范工程建设周期相近。天津北辰以清洁供热与综合用能为目标，实现区域集中清洁供热大面积覆盖，解决负荷和资源错配情况，有效提升能源、互动发展指数，工业、商业、居民能源消费指数，以及可再生能源消费指数。2018~2020年能源基础设施规划建设阶段，通过可再生能源建设、分布式/移动式储能、相变蓄热站、直流充放电站等多项配套工程提升能效扩展空间；2020~2021年投运阶段，以能源互联网综合管控与服务平台为依托，实现能源系统运行参数合理配置，满足系统能流优化控制中短期目标，实现示范区综合能效二次提升。

1.4 储能领域

储能技术把发电和用电从时间和空间上分隔开来，可以广泛应用在电力系统的发电侧、电网侧和用户侧，为消纳清洁能源、保障电网安全、平抑负荷波动和分布式电源并网等提供支撑。按照储能方式通常可分为物理储能、电化学储能、电磁储能和相变储能四类。其中物理储能包括抽水蓄能、压缩空气储能和飞轮储能；电化学储能包括铅酸、钠硫、液流、锂离子等电池储能；电磁储能包括超级电容器和超导等储能；相变储能包括熔融盐和冰蓄冷储能等。

不同类型储能在能量密度、功率密度、循环寿命等方面存在特性差异。在能量/功率密度方面，电池储能具有较高的能量密度，钠硫电池的能量密度高达200Wh/kg；抽水蓄能、超导磁储能、超级电容器和飞轮储能能量密度大都低于30Wh/kg；但超导磁储能、超级电容器储能和飞轮储能具有很高的功率密度，可以大功率放电，且响应时间快，适用于应对电压暂降和瞬时停电、提高用户的电能质量，抑制电力系统低频振荡和提高系统稳定性等。在循环寿命方面，电磁储能的循环次数高达数万次，如超导磁和超级电容器；机械储能如抽水蓄能、压缩空气储能和飞轮储能的寿命主要取决于系统中机械部件的寿命，受传统机械工程技术的影响很大，系统寿命大于 15 年；电池储能系统的循环寿命与电极材料的性能和失效机理相关，其中钠硫电池的循环次数可达 4500 次，远高于铅酸电池、锂离子电池。各类电池储能技术均处于快速发展阶段，在电力系统的应用中有各自的优势，但也存在需要解决的问题。国内电池储能系统各项技术指标与国际先进水平有一定差距，材料、工艺和集成等核心技术有待进一步突破，尤其是全钒液流电池和钠硫电池技术。

1.4.1 物理储能

1. 技术特点

抽水蓄能是目前最为成熟的储能技术，储能成本较低，已经实现大规模应用。全球水电资源丰富，通过合理利用地形，可以建设较大容量的抽水蓄能机组，更好地保障电网供电安全。

压缩空气储能是一种间接性、大型储能技术，它在电网负荷低谷期间，通过压缩机压缩空气存储电能，并将压缩空气运输至岩石洞穴、废弃盐洞、废弃矿井或者其他压力容器中；在电网高负荷期间，放出储气库内高压气体，经过燃烧室或换热器加热，升高至一定温度后输送至涡轮膨胀机，将压缩空气的势能转变为膨胀机的机械功输出，驱动发电机发电。压缩空气储能的关键技术主要包括压缩机技术、蓄热换热器技术、膨胀机技术、系统集成与控制技术等。非补燃式系统较补燃式系统的区别在于采用热压分储方式，不仅将高压空气以压力势能的形式存储在储气室中，还将压缩过程产生的压缩热以热能的形式存储在蓄热罐中。根据热源的不同，非补燃式压缩空气储能系统可分为无外部热源和有外部热源的系统两大类，无外部热源指完全利用压缩过程产生的压缩热来加热释能阶段进入膨胀机做功的空气，有外部热源指综合利用了太阳能、电厂余热废热等加热储热介质，达到提高整体效率的目的。根据空气存储状态，又可分为一般的气态、液态和超临界压缩空气储能系统。

飞轮储能是利用电动机带动飞轮高速旋转，将电能转化成动能储存起来，放电时用飞轮带动发电机发电。飞轮储能的能量密度低，适合短时间储能，解决电能质量和脉冲式用电问题，不适合应用于大规模储能。

2. 应用情况

根据 IHA 发布的《2022 年全球水电状况报告》，2021 年中国抽水蓄能装机增长最快，超过全球新增抽水蓄能装机的 95%。截至 2021 年，我国已纳入规划的抽水蓄能站点总资源为 814GW，其中西北电网站点资源最多，为 159GW，占比达到 19.5%。在政策引导下，抽水蓄能电站将进一步加快，国家能源局发布的《抽水蓄能中长期发展规划（2021—2035 年）》，到 2025 年投产总规模达 62GW 以上，2030 年达 120GW。

压缩空气储能电站在德国和美国已经成功商业化运行，其装机容量分别为 290MW 和 110MW，主要在调节尖峰负荷和替代高成本电厂中应用。2021 年 8 月在山东肥城建成了国际首套 10MW 盐穴先进压缩空气储能商业示范电站并正式并网发电商业运行，系统效率达到 60.7%。2021 年 10 月贵州毕节集气装置储气 10MW 先进压缩空气储能系统完成并网发电。2022 年 6 月国际上首个非补燃压缩空气储能在我国江苏常州投产，一期工程发电装机 60MW，储能容量 300MWh，预计年发电量约 100GWh。中国科学院工程热物理所在张家口市建设的国际首套 100MW/400MWh 先进压缩空气储能国家示范项目于 2022 年 9 月底顺利并网，是全球单机规模最大、效率最高的压缩空气储能电站。

美国的 Beacon Power 公司在纽约州史蒂芬镇建设了 20MW 飞轮储能项目，该项目既可以为纽约州智能电网进行频率调节，又能将该地区风力发电的过剩电能进行缓存，并在用电高峰期将电力注入电网，该项目是典型的飞轮储能系统在电力系统中的应用案例之一。2011 年 1 月 Beacon Power 公司在美国纽约的 8MW 飞轮项目投入运营，标志着飞轮储能开始了在电网的大规模正式商业应用。2022 年 4 月，我国首套 1MW 飞轮储能装置在青岛完成安装调试并顺利并网应用。未来飞轮储能将有可能在电力调频业务中发挥更大的作用。

1.4.2　电化学储能

1. 技术特点

铅酸蓄电池通过正负极的二氧化铅、铅与硫酸铅之间的可逆转变储存能量。铅炭电池是由传统铅酸电池改进而来的电容型铅酸电池，通过在泡沫铅负极中加入具有电容性质的活性炭，使铅炭电池既具有超级电容高功率、长循环的优势，也保留了铅酸电池的高能量密度。

钠基电池，属于熔盐电池，是一类使用熔融盐作为电极和/或电解质的电化学储能装置，目前主要包括钠硫（Na-S）电池和钠金属卤化物（ZEBRA）电池。这两类电池的阳极均为熔融盐钠，而阴极分别为熔融硫和固体金属卤化物，固体电解质为 β-氧化铝。钠硫电池能量密度高，便于模块化制造、运输与安装，适用于特殊负荷应急供电。2003 年日本 NGK 公司首次实现了高温钠硫电池的商品化。然而，钠硫电池的工作环境为高温环境，正负极活性物质均为腐蚀物质，一旦泄漏，危险性较高。

液流电池主要由电堆和两个电解液储罐构成。通常电解液由泵从储罐送到电堆内部，流经电极发生氧化还原反应，在这里化学能被转换成电能（放电），反之亦然（充电）。液流电池的功率密度由电极的大小和电堆中的电池数量决定，而能量密度由电解质的浓度和体积等决定。因此，液流电池可实现功率密度和能量密度的独立设计，这种特性使液流电池具有丰富的应用场景。

锂离子电池是以锂离子的化合物作正极，以碳材料为负极的电池。锂离子电池根据应用场景可以分为 3C 电池、动力电池和储能电池。锂离子电池的能量密度大，平均输出电压高，自放电小，没有记忆效应，工作温度范围宽，为 −20℃～60℃，循环性能优越，使用寿命长，不含有毒有害物质，被称为绿色电池。2009 年 7 月，我国第一台兆瓦级磷酸铁锂储能电站在深圳建成。

2. 应用情况

电池储能技术在国内外均处于快速发展阶段，据 Wood Mackenzie 公布的数据，2021 年全球新增投运电化学储能项目装机规模达到 12GW/28GWh，预计到 2030 年，全球累计储能装机规模将接近 1TWh。美国和中国将主导全球储能市场，2030 年将占总容量的 73%。

尤其是兆瓦级钠硫电池和锂离子电池储能示范系统不断建设并投入运行，主要在新能源、调频等应用领域中发挥作用，具体工程如表 1-5 所示。

表 1-5　　　　　　　国内外兆瓦级电池储能示范工程案例

时间	地点	储能系统	发挥作用
2008	美国，印第安纳州	2MW 锂离子电池	参加辅助调频市场
2008	日本，六所村	34MW 钠硫电池	平衡风电场出力
2010	美国，明尼苏达州	1MW/7.2MWh 钠硫电池	对风电进行有效时移、电网的电压支撑
2011	美国，西弗吉尼亚州	32MW/8MWh 锂离子电池	平抑风电出力，为 PJM 公司提供调频服务
2012	智利	20MW/5MWh	电网调频
2018	中国，江苏	101MW/202MWh 磷酸铁锂电池	需求响应、调频、调压
2018	中国，河南	96MW 磷酸铁锂电池	特高压线路应急
2018	中国，湖南	120MW/240MWh 磷酸铁锂＋全钒液流电池	调节峰谷差、提供毫秒级快速响应能力
2019	中国，青海	50MW/100MWh 磷酸铁锂电池	促进新能源消纳、长距离送电
2020	中国，福建	30MW/108MWh 磷酸铁锂电池	独立储能电站
2022	美国，得克萨斯州	36.5MW/204.6MWh	对风电进行有效时移

1.4.3 电磁储能

1. 技术特点

超级电容器是通过极化电解质储能的电化学元件，储能过程并不发生化学反应，因为储能过程可逆，超级电容器可以反复充放电数十万次。超级电容器功率密度高、充放电时间短、循环寿命长、工作温度范围宽。

超导电磁储能是利用超导体电阻为零的特性制成的储能装置，具有瞬时功率大、质量轻、体积小、无损耗、反应快等优点。但超导电磁储能能量密度低、容量有限，且受制于超导材料技术，未来前景尚不明显。

2. 应用情况

电磁储能在交通运输领域、机械工业领域和国防领域得到了部分应用。但由于超级电容器储能容量低，并不适用于电网大规模储能。

1.4.4 相变储能

1. 技术特点

熔融盐储能技术利用硝酸盐等原料作为传热介质，通过新能源发出的热能与熔盐的内能转换来存储或发出能量。一般与太阳能光热发电系统结合，使光热发电系统具备储能和夜间发电能力，满足电网调峰需要。

冰蓄冷系统在夜间用电低谷时期，利用低谷电制冰蓄冷，将冷量储存起来，在白天用电高峰时溶水，与冷冻机组共同供冷，将所蓄冰冷量释放，从而满足空调高峰负荷时的需要。

2. 应用情况

目前相变材料在电力系统中的应用主要是利用相变材料对电动汽车电池进行热管理、作为空调蓄冷/热材料。同时近几年随着欧美国家光热发电的兴起，熔融盐作为一种蓄热介质也被广泛应用，目前美国、德国、以色列、西班牙、南非、印度、中东等很多国家，都把熔融盐作为蓄热介质应用到光热发电储能中。

1.4.5 氢储能

1. 技术特点

氢储能技术是利用了电力和氢能的互变性而发展起来的。相比传统能源，氢能源环保且可持续发展，氢气的热值是汽油的 3 倍、焦炭的 4.5 倍，化学反应后仅产生对环境无污染的水，具有零污染、高效率、适合远距离输送的特点。氢能源可以实现气、液、固三态存储，存储过程自耗少、能量密度高、生产方式多样。

氢储能既可以储电，又可以储氢及其衍生物（如氨、甲醇）。狭义的氢储能是基于"电-氢-电"（Power-to-Power，P2P）的转换过程，主要包含电解槽、储氢罐和燃料电池等装置。利用低谷期富余的新能源电能进行电解水制氢，存储起来或供下游产业使用；在用电高峰期时，存储起来的氢能可利用燃料电池进行发电并入公共电网。广义的氢储能强调"电-氢"单向转换，以气态、液态或固态等形式存储氢气（Power-to-Gas，P2G），或者转化为甲醇和氨气等化学衍生物（Powe-to-X，P2X）进行更安全地存储。

2. 应用情况

2020 年 12 月，美国能源部（DOE）发布了储能大挑战路线图，这是美国发布的首个关于储能的综合性战略，氢储能是其中的主要探讨对象。根据美国国家可再生能源实验室预测，到 2050 年，持续放电时间 12h 以上的长时储能的装机容量将会显著增长，在未来 30 年将会部署装机容量为 125～680GW 的长时储能。根据 Hydrogen Council 研究报告，当可再生能源份额达到 60%～70%以上时，对氢储能的需求会呈现出指数增长态势。

截至 2021 年 11 月，世界主要发达国家在运营的氢储能设施已有 9 座，均分布在欧盟，如表 1-6 所示。

表 1-6　　　　　　　　　主要发达国家在运营氢储能设施

项 目 名 称	国家	电解槽规模（kW）
Audi e-gas Project 奥迪 e-gas 项目	德国	6000
Energiepark Mainz	德国	6000
HyBalance-Air Liquide Advanced Business	丹麦	1250
INGRID Hydrogen Demonstration Project	意大利	1200
Grapzow 140MW Wind Park with 1MW Power to Gas System	德国	1000
E. ON Power to Gas Pilot Plant Falkenhagen	德国	1000
EnBW Stuttgrat Hydrogen Testing Facility	德国	400
Thuga-Demonstration Project Stromzu Gas-ITM Power plc	德国	320
MYRTE	法国	160

目前国内已有少量氢储能项目投运或试运行。安徽六安兆瓦级制氢综合利用示范工程是国内首座兆瓦级氢储能电站，利用 1MW 质子交换电解制氢和余热利用技术，实现电解制氢、储氢、售氢、氢能发电等功能。宁夏宝丰一体化太阳能电解水制氢储能及综合应用示范项目为全球单厂规模最大、单台产能最大的电解水制氢项目，采用新能源发电-电解水制绿氢-绿氧直供煤化工的模式，包括 200MW 光伏发电装置和产能为每小时 $2 \times 10^4 \mathrm{m}^3$ 的电解水制氢装置，项目投产后每年可减少二氧化碳排放约 $4.45 \times 10^5 \mathrm{t}$。大陈岛氢能综合利用示范工程是全国首个海岛"绿氢"综合能源示范项目，通过构建基于 100% 新能源发电的制氢-储氢-燃料电池热电联供系统，实现清洁能源百分百消纳与全过程零碳供能。

2022 年 3 月，国家发改委、国家能源局联合印发《氢能产业发展中长期规划（2021—2035 年）》提出积极开展氢储能在可再生能源消纳、电网调峰等应用场景的示范，探索培育"风光发电＋氢储能"一体化应用新模式，逐步形成抽水蓄能、电化学储能、氢储能等多种储能技术相互融合的电力系统储能体系。

1.5　信息与控制领域

随着高压直流输电、新能源发电、新型负荷、储能等快速发展，电力系统源网荷储各要素均在发生不断变化，为了保证电力系统安全稳定高效运行，电力系统控制与保护技术持续创新。系统保护技术作为三道防线体系的有力拓展和补充，对保障交直流混联大电网安全稳定运行发挥了重要作用。智能电网调度控制系统实现了特大电网多级调度控制业务一体化协同运作。电力系统控制与保护技术创新的另一个重要特点就是与数字化、信息化技术高度融合。为了支撑电力系统控制与保护技术的创新，作为二次系统物质基础的电力无线专网技术得到了长足发展。

1.5.1 系统保护技术

传统的安全稳定三道防线体系、控制措施在交流电网发展的各个阶段，为保障电网安全运行发挥重要作用。然而，随着电网运行特性深刻变化，传统的防控理念或技术与电网运行新特征不相适应，主要表现在：元件保护和直流控保与系统稳定运行要求不适应；按单一工程、单一目标配置的控制系统间缺乏整体性考虑；控制措施缺乏大范围整合协同。为了确保大电网安全，国家电网提出了构建新一代大电网安全综合防御体系，即"特高压交直流电网系统保护"（简称"系统保护"）。

1. 技术特点

系统保护基于传统交流电网的三道防线，通过巩固第一道防线、加强第二道防线、拓展第三道防线来实现。构建该体系是为了优化控制策略决策模型，在运行实践过程中不断拓展原有三道防线的内涵和措施，形成新的特高压交直流电网综合防御体系。系统保护总体构成如图 1-8 所示，系统保护与三道防线的关系如下：

巩固第一道防线。其目的是降低故障的严重程度，从故障发生的源头抑制故障给电网带来的扰动冲击。第一步是通过提高设备的可靠性、优化控制系统和保护系统来完成，提高网络设备性能，降低故障概率。第二步由交流保护应用的新技术完成，进一步提高保护性能，确保快速可靠的故障隔离。第三步是通过应用电力电子技术来实现大功率电气制动，抑制干扰的影响。第四步是应用虚拟同步技术，模拟交流电网自愈特性，提高交直流混合电网的抗故障能力。

加强第二道防线。为弥补离线决策的缺陷，在不影响离线决策方案可靠性的前提下，协同大范围、多电压等级源网荷各类控制资源和新型控制手段，实现基于事件触发和响应驱动的主动应急控制，阻断系统连锁反应，防止系统失稳。

拓展第三道防线。将更多的控制设备纳入基于电气量越限检测的就地分散控制，结合故障事件和响应信息，实施基于事件触发的紧急控制模式下控制量不足时基于响应信息的追加控制等，防止事故蔓延，减少负荷损失，防止系统崩溃。

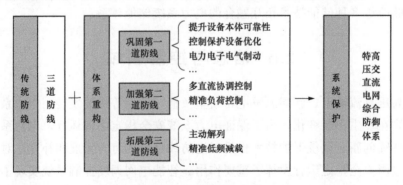

图 1-8　系统保护总体构成

系统保护本着"巩固第一道防线、加强第二道防线、拓展第三道防线"的建设原则，通过优化站域失灵（死区）保护、构建多资源协调控制系统、多频振荡监测系统、精准高周切机系统等，解决交直流大电网的安全稳定问题，现阶段系统保护具有如下技术特征：

（1）加快失灵（死区）保护出口时间。传统失灵（死区）保护切除故障时间一般晚于 400ms，如在直流近区故障，故障长时间存在会引起直流多次换相失败，对电网冲击较大。为此系统保护通过优化失灵（死区）保护，将故障清除时间尽可能维持在 200ms 以内，以减少直流多次换相失败对系统的冲击。

（2）实现紧急频率、电压控制的目的。系统保护通过构建多资源协调控制系统，通过协控总站、主站、子站、执行站间相互协调配合，最大规模整合可控资源，在直流换相失败或闭锁时实现电网紧急频率、电压控制的目的。

（3）提升直流输电能力，减少"弃风、弃光、弃水"现象。系统保护增加了区域电网的可控资源范围，极大提高了电网安全稳定裕度，可以提升直流送出能力，减少"弃风、弃光、弃水"现象。

（4）提升电网多频振荡监测水平。系统保护通过在风电场、光伏电站等发生次同步、低频等振荡的厂站端布置同步相量测量装置，提升不同振荡模态的监测水平，为实现多频振荡扰动源精确定位、控制提供数据支撑。

现阶段系统保护主要采用的技术如表 1-7 所示。

表 1-7 系统保护主要技术列表

	第一道防线	第二道防线	第三道防线
系统保护主要技术	优化失灵保护方案	紧急频率控制技术（联络线直流 FC、多直流调制、精准负荷控制等）； 紧急电压控制技术（多直流调制、精准高周切机等）； 多频振荡监测等技术（调速器参数优化、PMU 振荡监测等）	低频减载技术（精准低频减载）； 低压减载技术（精准低压减载）； 失步解列优化技术（多级断面快解）

2. 应用情况

2016 年 5 月，华东地区建成了我国第一个系统保护示范工程—华东电网紧急频率协调控制系统，华北、东北、华中、西北、西南地区开始建设系统保护。截至 2021 年，我国六大分区电网的多资源协控系统保护工程已经基本建成投运。

（1）频率紧急协调控制。频率紧急协调控制系统主要由频率紧急协调控制总站、直流协调控制系统、安控抽蓄切泵系统和精准切负荷系统四大部分组成。电网频率紧急协调控制系统的主要功能是：故障前，实时计算每回直流可紧急提升/回降的功率（考虑直流本身运行工况及相关交流断面的功率约束）；当发生直流故障时，由直流子站识别直流故障，计算对应直流故障后的损失功率，频率紧急协调控制总站结合当前电网的交流断面运行工况、抽蓄运行状态以及可控负荷容量等信息，按照优先调制直流，其次控制抽蓄水泵，最后精准负荷控制的顺序进行可控资源的协调控制。

通过建设频率紧急协调控制系统，实现直流故障后尽可能地按功率缺额精确控制，提升电网频率稳定水平。避免单一特高压直流大功率失去时，电网低周减载正常轮动作，切除大量负荷；同时避免多回直流同时失去时，电网频率崩溃，引发大面积停电事故。

（2）多频振荡监测控制。对于受端，多频振荡监测系统通过对各 220kV 变电站相量测量装置的增量部署，实现 220kV 及以上重点变电站的低频振荡监测，提高低频振荡监测的能力；对于送端，加强多频振荡监测功能，在高风险地区的枢纽变电站布置监测站点，能有效监视超低频/次同步振荡的传播路径。通过构建多频振荡监控系统，可以提高对电网振荡的监测水平，防范系统弱阻尼等振荡现象，提高电网运行可靠性，避免大面积电网安全事故。

1.5.2 智能电网调度控制技术

2003 年北美大停电事故发生后，各国都开始研究大电网在线安全稳定分析预警技术，国家电网率先研发了首套在线动态安全分析系统，验证了国产的多路多核集群服务器系统可适应电网调度控制业务需求。2009 年国家电网统一组织研发了智能电网调度控制系统，包括统一的基础平台（D5000 平台），以及平台之上的实时监控与预警、调度计划、安全校核、调度管理四大类应用功能。D5000 系统继承了 CC-2000 和 OPEN-3000 的先进技术，全面采用国产的 64 位服务器集群、安全操作系统、安全数据库等，创造性地开发了四条总线、四类数据库、四种图形界面以及纵深安全防护技术。D5000 系统首次实现了调度控制中心内部的横向集成和多级调度控制中心之间的纵向贯通，首次实现了国家电网调度控制系统实时数据、电网模型、图形画面、服务功能等的源端维护和全网共享，实现了特大电网多级调度控制业务一体化协同运作，促进了大规模可再生能源有效消纳，为特大电网调度提供了不可或缺的重要技术手段。

随着特高压交直流线路的大量投运，交直流互联电网的耦合程度越来越高；同时高比例可再生能源大规模接入、新型负荷比例快速上升、电力市场化运作日益推进等，这些都将使得电网特性发生深刻变化，对电网调度控制技术支撑能力提出了新的要求。通常各电网调度机构独立建设和运行的调度控制系统之间相互独立，难以及时获取管辖区域以外的电网信息，电网态势分析和安全防控大部分局限在所管辖电网，难以实现全网范围内的精益化调控决策，尤其不能满足类似中国这样的特高压交直流混联大电网安全经济运行的需要。因此，为保障强耦合一体化大电网安全经济运行，需要统一分析和统一决策。为解决全网一体化决策需求与各级调度分散控制之间的矛盾，有必要将信息通信新技术理念与互联电网强耦合需求紧密结合，进一步研究支撑一体化大电网的新型智能调度控制技术。

1. 技术特点

电网智能化调度与控制借助先进的计算机技术、通信技术、电力系统分析和控制理论及技术,通过对信息的获取、传输、分析、反馈,实现对一次电力系统的监视、分析和控制,以保证大电网的安全、经济运行和良好的电能质量,在智能电网体系中起到"神经中枢"的作用。

与传统调度自动化系统相比,智能电网调度控制系统将调控中心内部十余套各自独立的业务应用系统,横向集成为覆盖整个调度控制中心的一套系统,其底层为横跨三个安全区的一体化支撑平台,上层为分区部署的四大类应用;同时为支撑大电网一体化运行,各级调控中心部署系统应用按照安全分区原则通过调度数据网和综合数据网进行纵向互联,实现了各级调控中心的纵向贯通。其整体结构示意如图1-9所示。

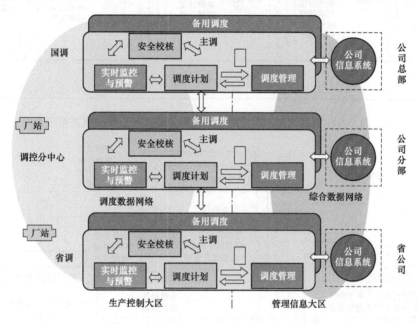

图1-9 智能电网调度控制系统架构示意图

智能电网调度控制系统主要依托统一基础平台实现实时监控与预警、调度计划、安全校核、调度管理四类应用。基础平台为各类应用提供统一的模型、数据、CASE（案例）、网络通信、人机界面、系统管理以及分析计算等服务,平台负责为各类应用的开发、运行和管理提供通用的技术支撑,为整个系统的集成和高效可靠运行提供保障。应用之间通过平台提供的API接口或数据服务进行数据交换,并通过平台实现调用和提供分析计算服务。四大类应用与基础平台的数据逻辑关系如图1-10所示。

在智能电网调度控制系统内部,四类应用之间的数据逻辑关系示意图如图1-11所示。

与传统调度自动化系统相比,智能电网调度控制系统具有三个特点:

（1）资源共享,实现系统资源（硬件、数据、信息、服务等）在横向及纵向范围的充分共享,应用和系统的可复用、可扩展能力强,有利于实现跨区域、跨网络的应

能源电力新技术发展研究

用服务共享。

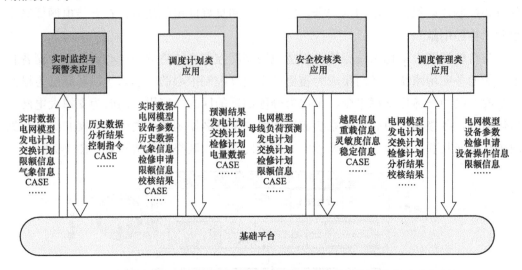

图 1-10　智能电网调度控制系统四类应用与基础平台的逻辑关系示意图

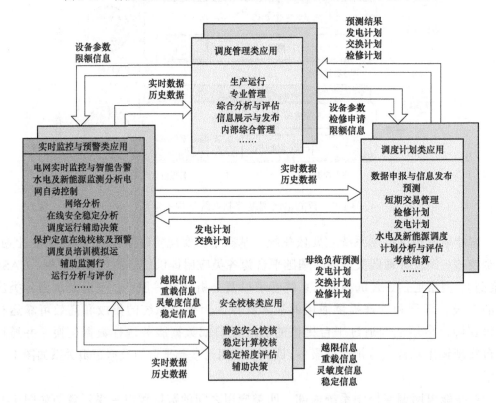

图 1-11　智能电网调度控制系统四类应用之间的数据逻辑关系示意图

（2）标准开放，实现系统平台与软硬件之间的解耦，确保系统最大的开放性；来自不同厂商的应用系统之间可以规范、方便、可靠地进行互操作；新的应用可以实现即插即用，不影响系统整体正常运行。

44

（3）便于扩充，更容易实现系统技术的整体升级，有利于保护原有应用系统的接入，调度业务的流程化管理和服务流程再造能力强，有利于实现综合性应用功能。

2. 应用情况

国家电网提出的 D5000 智能电网调度控制系统于 2010 年正式开始在 10 家调控中心试点单位启动上线运行，截至 2017 年底，包含国调中心、6 家分中心（华北、华东、华中、东北、西北、西南）及国家电网下辖 27 家省级调控中心在内的 34 家单位已全面部署基于统一基础平台和四大类应用的省级及以上智能电网调度控制系统。

1.5.3 电力系统数字化技术

数字电网是以云计算、大数据、物联网、移动互联网、人工智能、区块链等新一代数字技术为核心驱动力，以数据为关键生产要素，以现代电力能源网络与新一代信息网络为基础，通过数字技术与能源企业业务、管理深度融合，不断提高数字化、网络化、智能化水平，而形成的新型能源生态系统，具有灵活性、开放性、交互性。

1. 技术特点

（1）数据管理技术。在海量历史/准实时数据管理平台和非结构化数据管理平台研发和使用方面，国外尚未见到相关报道，但在支撑海量历史/准实时数据管理平台建设最为关键的时间序列数据库研发方面，国外处于领先地位，著名的产品如 PI、eDNA 等都是国外产品。在主数据管理方面，国外强调主数据管理的规范，但尚未见到类似主数据管理平台的研发和使用的相关报道。在数据模型和数据访问标准方面，IEC61970/61968 的 CIM 标准主要由欧美电力公司参与制定，在电网和调度相关的模型方面国内有专家参与，但在电力营销和客服相关的模型方面国内基本没有专家参与。

国内方面，国家电网研发并实施了海量历史/准实时数据管理平台、非结构化数据管理平台，实现了海量历史/准实时数据和非结构化数据的集中共享和访问。研发了具有自主知识产权的时间序列数据库管理系统，可用于支撑海量历史/准实时数据管理平台的建设。研发了主数据管理平台，实现了人资、财务、物资等主数据的规范化管控。构建了国家电网公共信息模型 SG-CIM，并基于此完成了多个业务系统的数据集成和应用集成。

（2）数据中心技术。国外方面，在互联网和物联网领域，云计算技术已比较成熟并得到广泛应用，通过虚拟化云计算，面向服务的架构（Service-oriented Architecture，SOA）等技术的结合实现了互联网的泛在服务 TaaS（everyTHING As A Service）。云计算、云存储服务等已逐步投入商业运营，相应的云安全、云搜索技术研究已取得突破进展。

云化数据中心以"计算能力＋数据＋模型＋算法"形成强大的"算力"，形成数据驱动业务流程和决策能力，为各数字平台提供数据和数据分析能力。主要包括：①数据中心的核心组件和数据资源具备集约化、柔性化管理特征，为数据中心业务连续性提供保障；②企业级管理系统数据全部实时归集至数据中心，拓展调度、计量、设备状态监测三大自动化领域实时数据接入，新增物联网终端采集数据的实时接入；③具备标准、共享的数据服务能力，提供全域链接、一站式开发、算法模型和数据计算等数据服务模式；④数据资产管理，通过数据治理，保障数据质量的稳步提升，推动新技术与数据管理的融合及数据开放共享机制。

2. 应用情况

国家电网新型电力系统数字技术支撑体系整体分为"三区四层"，即生产控制大区、管理信息大区和互联网大区"三区"，以及数据的采、传、存、用"四层"。明确控制系统与信息系统两个边界；优化数据采传存用四个环节；通过新型电力系统各环节感知与连接，实现感知设备共建共享，打造企业级实时量测中心，在线汇聚全环节采集数据，推动各类业务应用贯通与灵活构建，实现设备透明化、数据透明化、应用透明化。完成软硬件资源池的技术架构研究并进入实用化，完成电力云计算资源管理平台研发，具备分钟级资源动态伸缩能力，支持 X86 主机、小型机、存储虚拟化资源的统一接入、管理和调度，制定了云计算资源统一接入标准、云计算资源服务接口标准，并在三地信息灾备中心或省级及以上单位数据中心应用，实现若干应用在云存储及资源集中调度关键技术研究及应用。南方电网数字电网依托数字业务技术平台，以技术业务"双轮驱动"，推动业务与管理变革，促进能源产业价值链优化整合。云平台、全域物联网、电网数字化平台、底座式数据中心的基础技术能力构成了技术后台，提供数据采集、存储、计算以及大数据相关技术；依托数据中心、云平台和电网数字化平台的共享服务能力构建的服务共享中心是技术中台，提供数据、技术和业务共享服务组件；电网管理平台、客户服务平台、调度运行平台和企业运营管控平台构成了技术前台，基于技术中台提供的业务服务构建支撑业务场景实现的各类应用，高效支撑业务开展。

1.5.4 网络信息安全技术

1. 技术特点

随着大数据、云计算、物联网、移动互联、可信计算、量子密码等新一代信息通信技术的快速发展，网络安全的内涵和外延也不断延伸。国家电网遵循"可管可控、精准防护、可视可信、智能防御"的安全策略，构建"全业务安全管控、全系统态势感知、全天候安全防御"的新一代智能安全防护体系，全面提升信息安全监测预警、态势感知、应急响应能力，通过网络安全推动智能电网业务和新技术应用。安全防护体系模型如图 1-12 所示。

全场景网络安全防护体系重点关注以下技术：

（1）终端主机安全可控。在设备层面推进终端设备定制化、安全操作系统、终端安全沙箱等技术研发，研究移动、智能终端漏洞挖掘和安全加固技术，研发移动终端安全管理系统，提升终端、主机安全可控水平。在操作系统层面设计研发电力专用安全操作系统、嵌入式安全操作系统。在数据库层面研究国产和开源数据库系统安全增强技术，突破数据库透明加解密技术，研发数据库系统安全增强中间件。

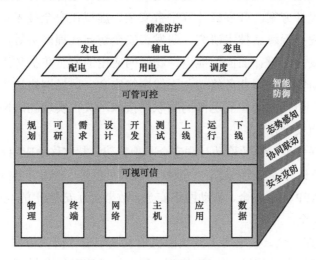

图 1-12　安全防护体系模型

（2）网络边界安全可信。适应智能电网业务互联互通需求，推进安全可信网络边界防护设备技术研究及开发，开展信息外网安全交互平台、信息内网安全接入平台、信息网络隔离装置升级改造。强化通信传输网、接入网安全分区、物理隔离措施，提升通信网络边界安全防护水平。优化路由器、防火墙、入侵检测/防御等通用边界安全设备的部署结构和配置策略。

（3）应用数据安全可管。完善应用、数据安全防护体系，加强应用安全控制，设计电力专用应用安全协议。健全数据安全防护措施，完善提升数据保护与监控平台、安全基线合规系统、移动存储介质安全技术措施。推进移动终端数据安全保护技术应用。强化数据安全过程监测，实现业务数据资产识别与分级保护，加强公司敏感信息和个人隐私数据深度检测，实现敏感数据脱敏处理，保护公司敏感信息和用户隐私数据。

（4）监控预警分析全景可视。建设网络监控预警分析中心，利用大数据、云计算等新技术统筹开展信息安全情报收集、预警分析、巡检监测、在线处置，实现对安全态势全面感知、安全威胁实时预警、安全事件及时处置。

（5）基础设施防护高效协同。围绕纵深隐患发现、联合防护处置、全面攻防对抗能力，完善信息安全基础设施建设，促进内外部综合协同、资源共享和整体联动，提升信息安全协同防御和体系联动防御能力。开展统一防病毒、统一密钥管理等安全支撑系统升级与优化，整合网络安全信任基础设施，打造统一网络安全信任体系，为跨业务、跨专业认证授权提供支撑。

（6）大数据安全。设计大数据安全防护体系，形成专项安全防护方案。开展大数据分类分级、安全存储、数据资源访问控制、数据隐私保护、大数据场景下行为追踪与溯源等技术研究，研发大数据平台安全防护组件、用户隐私保护系统等安全产品。

（7）云计算安全。研究云计算信息安全风险，设计电力云计算安全防护体系，形成专项安全防护设计方案。开展云计算平台安全、虚拟化安全技术、云安全域管控技术等云计算应用安全保障新技术研究，研发云安全访问代理网关等产品。

（8）物联网安全。设计面向智能电网物联网应用的安全防护体系架构，形成专项安全防护方案。研究物联网业务终端、无线网络安全、现场网络边界、通信协议及应用安全关键技术，研发面向智能电网的物联网接入网关，实现物联网异构系统通信协议转换与传感节点安全接入。

（9）移动互联安全。设计移动互联安全防护框架，制定移动应用安全防护方案。应用高速密码与可信计算等安全技术，突破移动终端可信接入和业务数据实时交互技术，开展移动终端和 APP 应用安全、移动网络安全、数据交互安全研究，实现智能电网移动互联业务全环节安全。

（10）电网工控安全。在电网工控攻击机理及基础理论研究方面，国内外学者在工控安全攻击图、工控广义随机 Petri 网模型、信息物理双环控制模型以及信息物理系统攻击描述语言进行了深入研究。在电网工控系统漏洞挖掘方面，现有技术主要采用黑盒方式，挖掘目标不明确，漏洞挖掘效率低。电网工控协议安全性研究目前重点针对 IEC 61850、62351 和 60870 等展开，并取得一定研究成果，但无法深层次识别工控系统指令级的异常特征，并且对电动汽车、可穿戴设备、机器人等新业务的交互协议研究较少，其存在的网络安全风险有待深入探索。现有监测技术主要依赖于工控协议包的深度解析，无法实现工控网络流量行为的异常监测，工控环境下检测精度和准确率较低。

2. 应用情况

在落实国家电力监管委员会发布《电力二次系统安全防护规定》和《全国电力二次系统安全防护总体方案》要求的基础上，国家电网按照"安全分区、网络专用、横向隔离、纵向认证"的原则，将内部网络划分为生产控制大区和管理信息大区，以生产控制功能为防护重点，对电力监控系统进行差异化保护。在生产控制大区边界部署横向隔离设备，实现了生产控制系统与其他业务系统的物理隔离。构建生产控制业务专用的双平面调度数据网，全面覆盖电力生产运行单位。在调度机构和变电站、发电厂数据网络出口，部署纵向加密认证设备，实现广域网络通信的身份鉴别和信息加密，防范控制指令被篡改。基于横向隔离、纵向认证形成的栅格状安全防御体系，能够有效阻断网络安全风险从局部向全网蔓延。

我国电网规模庞大，二次系统覆盖广。截至 2019 年底，35kV 以上厂站自动化系统共有 4.8 万套，地级以上调度自动化系统 363 套；安全稳定控制装置 3220 套，累计切机总量 380GW、切负荷总量 38GW；骨干通信网传输设备共计 9.4 万台/套，网管系统 1300 余套。调度数据网规模达 6.9 万个节点，220kV 及以上厂站双网覆盖率达 100%，110（66）kV 及以下厂站的网络覆盖率达 96.8%，双网覆盖率达 41.2%。

1.5.5 电力无线专网技术

1. 技术特点

随着电力业务需求爆发增长，现有光纤专网/无线公网的建设模式无法满足业务需求。基建、运检、营销、通信专业独立建设，资源利用率较低、光缆建设成本高、公网存在安全隐患。运营商不提供针对电力业务的特殊保障及安全防护措施，通信质量不可控，无法保证网络安全。

电力无线专网是统筹各类业务需求的统一接入平台，可以灵活、高效接入终端业务，提升建设、运维、应用经济性，专网专用，安全可靠，能更好地满足未来电网业务接入需求。电力无线专网以承载控制类业务为导向，满足配电自动化、用电信息采集、电动汽车充电站/桩、分布式电源、精准负荷控制等基本业务的通信需求，承载优先级顺序为精准负荷控制、配电自动化遥控、用电信息采集、电动汽车充电站/桩、分布式电源。同时，电力无线专网为输变电状态监测、配电所综合监测、输配电机器巡检、电能质量监测、智能家居、智能营业厅、电力应急通信、视频监控、开闭所环境监测、移动 IMS 语音、移动作业、仓储管理等扩展业务的接入奠定坚实的通信基础。

电力无线专网为业务终端与业务主站之间的通信提供服务，包括核心网、基站、通信终端、设备网管系统。业务终端通过通信终端、基站、回传网、核心网、业务承载网与业务主站连接，总体架构如图 1-13 所示。

核心网包含 HSS、MME、S-GW、P-GW、PCRF 逻辑实体，其中 PCRF 可选。基站包含 BBU、RRU 逻辑实体，通过空中接口与通信终端设备通信，通过 S1 接口与核心网通信。无线终端实现信号收发，包括外置式终端、嵌入式终端和移动终端，无线终端通过空中接口与基站设备相连，进而与核心网实现通信，完成端到端的业务接续。回传网络提供基站至核心网传输通道，可利用 SDH/MSTP 等传输网络。业务承载网络提供核心网至业务系统的网络传输通道，可采用数据通信网、专用通道等方式。

电力无线专网承载生产控制大区和管理信息大区业务时，不同大区的业务需通过独立的时频资源、基站传输单板/端口、SDH/MSTP 独立传输通道、核心网设备/端口进行横向物理隔离；同一大区内的不同业务应通过 APN 与 VPN 映射方式进行逻辑隔离。

现阶段无线专网根据使用频段可分为 LTE1800M 和 LTE230M 技术，由于 1800M 频段受限，除部分试点外，LTE230M 获得了广泛使用。LTE230M 无线专网技术采用了如下关键技术：

（1）载波聚合技术。230MHz 频段系统资源呈无规则、梳状结构，频点分布离散，这种离散的窄带频谱很难进行高速率的数据传输。而载波聚合技术适合解决离散频谱情况下的高速数据传输，可以将每个离散的信道看作一个成员载波，将不连续分配的成员载波进行聚合，并统一分配给一个用户使用，这样可以产生大于原来窄带系统几倍的传输带宽，从而达到宽带传输的效果。结合高阶调制等其他通信技术，在 40 个频

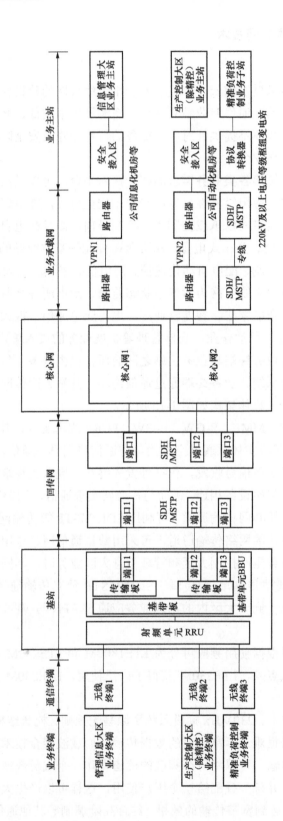

图 1-13 无线专网总体架构

点 1MHz 带宽上，单个 UE 的最大上行速率可以达到 1.76Mbps，远远大于单频点 25kHz 下的传输速率。

LTE230M 系统采用载波聚合技术可以根据不同的用户需求和网络规划，通过整合分量载波灵活地扩展频谱带宽，从而达到增加用户的上/下行数据传输速率，减少传输时延，增强用户体验的效果。LTE230 系统载波聚合的示意图如图 1-14 所示。

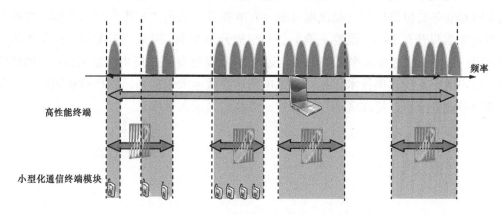

图 1-14　LTE230 系统载波聚合的示意图

（2）频谱感知技术。LTE230 系统采用 LTE 的调制编码技术，具有优越的解调性能，从而具有较强抗干扰能力。并且通过应用高阶滤波器、设计大动态范围接收机，大幅提高系统抗干扰能力、增强系统抗阻塞能力。假如相邻信道出现强干扰源时，LTE230 系统可利用频谱感知技术测量发现该干扰，并借助载波聚合技术对离散频率资源的聚合能力，将其他未受强干扰的离散频点进行动态、灵活地组合利用，提升了 LTE230 系统的抗干扰能力，从而实现了与数传电台的共存，保证了系统可靠稳定地运行。频谱感知技术中，基站感知上行信道是否有干扰，终端感知下行信道是否有干扰。当感知到有其他系统干扰的时候采取避让策略，让其他系统优先传输。LTE230 系统周期性进行频谱感知，当检测到干扰消除后，则恢复工作。LTE230 系统最大可以支持 340 个频点共 8.5MHz 带宽，能显著提高传输速率。

综上所述，LTE230 系统采用了频谱感知技术，能对强干扰进行发现和规避，保证了 LTE230 系统与现有数传电台的共存使用。

（3）海量接入技术。LTE230 系统的海量接入技术很好地平衡了控制信道所占用的资源与调度时延的关系，即满足了基站调度任何一个用户的调度时延需求，又兼顾了电力无线通信系统业务复杂、终端分布广泛且密度大，需要大用户量接入的需求。为保证 LTE230 系统的终端具有主动上报和全双工的能力，系统为每个终端预留了一个上行的控制信道用于终端的调度请求。当终端有数据要发送的时候，就可以通过预先分配的这个控制信道发送调度请求。

2. 应用情况

国家电网于 2018 年 9 月获得 6.25MHz 频谱资源的增补，因此，在 230MHz 这个频段建设的电力无线专网正式迎来爆发期,普天的基于 4G 时代的 LTE230 标准和华为的 IoTG230 标准被纳入国家电网无线专网标准。无线专网在江苏、浙江嘉兴等地区建设应用较为成熟。江苏无线专网采用 1.8GHz 频率,建成基站 3733 座,实现南京、苏州、常州全覆盖,其余 10 个地市 C 类及以上供电区域覆盖,接入业务终端 30 余万个;浙江嘉兴无线专网采用 230MHz 频率,建成基站 88 座,接入业务终端 6700 余个。无线专网对业务支撑良好:一是供电可靠性有效提升,拓展"三遥"应用范围,终端在线率从 95% 提升至 99%,遥控正确率从 94% 提升至 98%,有效提升配电故障发现和处理效率;二是优质服务水平显著增强,支持 96 点及更高频次用电信息采集,为降低线损、用户缴费互动提供技术依据;三是电网运维效率大幅提高,深化移动巡检、机器人巡检等业务应用,提高现场作业管控、巡检结果录入效率。

2

新技术发展瓶颈与影响因素分析

本章从发电、输电、配电及用电、储能以及信息与控制五个领域分别分析电力工业中受到广泛关注的新技术发展瓶颈及其影响因素，为各领域新技术的发展以及对电力系统影响的研判提供依据。

2.1 新技术发展瓶颈

本节从技术层面分析新技术发展面临的挑战，包括但不限于关键技术、实施方法、应用设备等方面的分析。在发电领域，电源规划、调度、运行、并网等技术较为关键，例如对于分布式发电技术，面临的挑战主要有电网友好性提升技术、可调度性提升技术以及配电网协同规划技术。在输电领域，输电设备是制约技术发展的主要因素，例如对于特高压交直流技术，高性能电力设备的研制是关键技术影响因素。在配电及用电领域，应用技术尤其是智能应用技术是发展的重点，例如 V2G 技术和局域能源互联网技术面临的挑战有智能算法、标准化技术以及仿真技术等。在信息与控制领域，需要突破的有新型保护控制技术、在线系统保护防御技术、大数据技术以及智能优化决策技术等。下面将详细展开分析各领域新技术发展面临的瓶颈。

2.1.1 发电领域

大力推动能源领域绿色低碳转型是加快构建现代能源体系，推动实现碳达峰碳中和目标的重要举措。为推进能源绿色低碳转型，我国提出基地开发和分布式发展并举的新能源发展方针。国家发改委提出加快推进沙漠戈壁荒漠地区为重点的大型风电光伏基地项目建设，同时分布式新能源也在负荷中心快速发展。新能源发电技术的进步将助力新能源友好并网、促进资源优化配置、保障电网供电能力。下面将重点分析规模化和分布式新能源发电技术亟须突破的方向。

1. 规模化新能源发电技术

（1）新能源发电电网友好性提升技术。新能源发电电网友好性提升技术是接纳新能源发电大规模入网，促进新能源与电网协调发展的重要技术措施。新能源发电电网友好性提升技术的关键在于新能源发电机组应具备接近常规电厂的控制性能，具有可测、可控、可调的特征，通过优化设计将新能源发电机组联结成为一个有机协调运作的整体。目前，新能源发电电网友好性提升技术主要包括低电压穿越技术、高电压穿越技术和虚拟同步发电机技术等。

1）低电压穿越技术。电网友好性新能源发电应具备低电压穿越（LVRT）能力，在故障期间不脱网，否则将影响机组的有功功率输出，恶化系统安全稳定运行的形势。低电压穿越技术指在并网点电压跌落时，新能源风电设备能够保持并网，甚至向电网提供一定的无功功率以支持电网恢复，直到电网恢复正常运行状态，从而"穿越"这个低电压时间（区域）。电压跌落会给设备带来一系列暂态过程，如出现过电压、过电流等，严重危害设备本身及其控制系统的安全运行。

目前，光伏发电低电压穿越技术主要有三种解决方案：基于储能设备的解决方案、基于无功补偿设备的解决方案和基于无功电流电压支撑的解决方案。电网故障而引起电压骤降时，风力发电机组变化最大的便是转子侧电流和直流侧电压，在要求风机不能脱网自保的情况下，现有的低电压穿越技术控制方案主要有改进控制策略和外加保护电路两种。

我国近年来在风电、光伏发电机组低电压穿越技术的控制策略和设备研发方面成果斐然，但由于缺乏相关实践经验，低电压穿越技术有待进一步完善。目前，以下两方面因素成为了低电压穿越技术发展的制约因素。①控制策略需进一步优化。目前的绝大多数低电压穿越控制策略建立在各种理想化、忽略某些因素的前提下，无法建立更为精确的控制方程。由于机组在复杂的运行条件下有可能超出设计条件，这将导致机组控制精度和准确度下降，威胁机组和系统正常运行。②提升电力电子设备制造水平。由于新能源机组使用了大量的电力电子设备，而这些设备工艺水平、容量已无法满足越来越庞大的新能源并网发展要求，且我国设备厂商缺少电力电子设备研制的核心技术。

2）高电压穿越技术。近年来，随着世界范围内风电在电网中比重的大幅提高，风电的高电压穿越问题已经引起了各国从业人员的高度关注。国内外的研究成果和多次风电机组大规模脱网事故表明，电网在故障消除后的电压恢复阶段，风电场并网接入高压线路可能发生过电压。此外，风电场负载的突减、大容量电容补偿装置的投入也会引起电网电压的骤升。过高的电压除了危害设备的绝缘水平外，还可能引起发电机组脱网，威胁电力系统的安全稳定运行。目前，国内外主要的高电压穿越技术研究大致可以归纳为两类：增加硬件电路的变流器控制策略和不增加硬件电路的变流器控制策略。

我国高电压穿越技术得到快速发展，相关标准和规范逐步建立。目前，通过控制策略和增加额外设备提高设备的高电压穿越能力是最合理的实施方案，而仅仅通过提高设备的绝缘能力、耐压水平等手段付出的代价太大。需要在以下三方面继续关注。①控制策略理论研究深度、广度不够，尤其缺乏符合我国实际经验数据的支撑。②元器件工艺水平和容量掣肘高电压穿越技术发展，如电力电子设备（如逆变器、整流器、可控开关元件等）、储能元件制造水平较低，核心技术较少。③缺少上游数据支撑。由于引发高电压的故障类型多，系统运行工况复杂，因此无法精确给出电网出现故障高电压的水平、可能性大小等。若过电压故障只有小范围、小概率出现的可能，那么高电压穿越技术也应根据实际情况、因地制宜地推广使用。

3）虚拟同步发电机技术。与常规能源的同步发电机相比，采用逆变器并网的新能源机组响应速度快、几乎没有转动惯量，难以参与电网调节，无法主动为电网提供必要的电压和频率支撑。虚拟同步机是指通过模拟同步发电机或同步电动机的机电暂态特性，使采用电力电子变流技术的装置具有同步发电机的惯量、阻尼、调频、调压等特性。这使得新能源机组像同步发电机一样参与电网的频率和电压调节，能够快速同步并无缝地并、离网，降低新能源发电对电网的不利影响，提升电网对新能源的接纳能力，从而解决当前阻碍新能源大规模并网的技术难题。

国家电网在推进虚拟同步发电机相关企业标准的出台方面做了大量工作，并完成了《虚拟同步发电机技术导则》《风电机组虚拟同步发电机技术要求和试验方法》《单元式光伏虚拟同步发电机技术要求和试验方法》三项企业标准编制、发布工作，对虚拟同步发电机的技术要求、功能要求、测试方法做出了进一步的探索。2017 年底，国际上首个具备虚拟同步发电机功能的新能源电站在张北国家风光储输示范电站建成投运，我国率先实现虚拟同步发电机系统挂网运行，这将提供更多的实践经验供行业研究人员参考，推动我国虚拟同步发电机技术快速向前发展。

（2）新能源发电调度优化技术。新能源并网运行之前，电网的调峰任务主要是在满足必要的安全裕度的前提下，应对系统负荷波动。新能源大规模并网运行后，其随机性、间歇性将给电网运行方式安排和调峰带来较大影响，需考虑新能源出力特性、常规电网装机水平、负荷特性等多方面因素。因此，需要发挥新能源的调峰能力，参与电网有功控制和电力平衡。

一些国家或地区在新能源发电并网导则中也加入了对新能源发电有功功率控制或频率调节的要求，典型的有德国的《中压电网规范 2008》和《输电网导则 2007》，以及丹麦的《11kW 以上风电场技术规定》和《11kW 以上光伏电站技术规定》。

我国发布了《风电场接入电力系统技术规定》《光伏发电站接入电力系统技术规定》等系列国家或行业标准。新能源场站级控制系统已普遍使用，风电场可通过场站 AGC 或者多风机群的能量管理平台实现场站级有功功率和频率控制，AGC 接收电网调度指令和设置调频参数，计算有功功率整定值，并下达给各台风机；类似地，光伏电站场站级 AGC 接收电网调度指令和设置调频参数，计算有功功率整定值，下达给光伏逆变器或数据采集器（简称数采，用于组串式光伏逆变器的发电单元），数采再次下发指令至逆变器。考虑到通信延迟，新能源场站级的有功功率和频率控制主要由通信速度决定，常规控制周期 1～5s。场站级整体控制的优势在于与电网调度通信量小，可充分利用电站的功率预测信息和评估水平，整站评估其调峰调频裕度。

2. 分布式新能源发电技术

近年来分布式光伏和分散式风力发电技术发展较快且受到了重点关注。风电、光伏等分布式清洁能源具有较强的时空分布特性、反调峰特性，大量接入电力系统后，会给系统调峰、运行调度、功率预测等带来挑战，还会引起谐波、三相电压不平衡等电能质量问题，对系统的电力电量平衡、频率电压调节、继电保护、控制、计量等技术提出了更高的要求。为适应大量清洁能源分散接入需求，要求建设高效、灵活、合理的输电网络，并具备电网重构、潮流优化和系统调控能力，实现分布式电源的友好接入和统一控制。

（1）分布式电源与配电网协同规划技术。分布式电源与配网协同规划技术包括分布式电源的负荷预测技术与协同规划技术。一方面，适应分布式电源接入的配电网负荷预测不仅要计及经济结构及发展趋势、人口密度、负荷特性等因素，还需要考虑气象条件、自然环境、政策等因素，负荷预测的影响因素明显增加。为提升负荷预测准确性，需要对含分布式电源的负荷预测理论和方法进行创新。另一方面，分布式电源大量分散接入配电网，使得配电网潮流分布特性由单向确定性转变为双向概率性，对分布式电源的布点规划和含分布式电源的配电网扩展规划提出挑战。因此，分布式电源与配电网协同规划不仅要考虑自然资源分布情况和国家能源政策对分布式电源布点规划的限制，而且要考虑分布式电源接入后对配网安全稳定特性的影响，从而确定分布式电源的最优配置以及配电网的最优扩展方案。

（2）分布式电源与配电网协调运行技术。分布式电源与配电网协调运行技术包括含分布式电源的配电网优化运行和保护协调技术。一方面，分布式电源并网后，配电网的结构和运行方式都发生了较大变化，配电网潮流计算难度增大，需要研究计及分布式电源影响的潮流计算方法，研究含分布式电源的配电网无功优化方法和电压调整策略，研究各类分布式电源的调度特性，构建多分布式电源的优化调整策略，建立含分布式电源的配电网优化运行管理平台，为含分布式电源的配电网优化运行分析提供基础。另一方面，分布式电源与配电网保护协调技术不仅需要研究不同分布式电源安装位置、容量对配电网保护装置灵敏性、选择性等方面的影响，而且需要根据分布式电源对配电网保护的影响方式，研究现有保护系统的调整方案或新的保护方案，如针对分布式电源出力变化大导致传统电流保护定值整定难的问题，研究自适应电流保护等。

2.1.2 输电领域

输电领域中，特高压交直流输电技术经过多年的发展，尤其是在我国的广泛应用，证明已经不存在技术上的难题。随着特高压面临的运行环境越来越复杂，尤其是交直流混联带来的电网安全稳定运行问题，对特高压技术、设备提出了更高的要求。未来，如何使输电设备耐受能力更强、精度更高、性能更优是特高压技术重点突破的方向。

柔性直流输电技术由于起步较晚，还有较多技术难题需要攻克，未来随着技术上的突破，应用场景也会越来越广泛，柔性直流电网也将得到迅速发展。

1. 特高压交流输电技术

需要进一步研究的特高压交流设备主要有：大电流关断能力的 GIS、可控串补、参数全监测变压器、高性能过压限制装置、高精度互感器等。

（1）适用极端环境需求的特高压开关装备。在耐受能力、关断能力上，主要研制出使用环境温度 $-60 \sim +60℃$ 的特高压 GIS，主母线额定电流 10kA、设备额定电流 8kA 的特高压 GIS，额定短路开断电流 80kA 的特高压 GIS。在结构上优化，考虑取消 GIS 断路器合闸电阻和隔离开关 VFTO 阻尼电阻，研制 GIS 新型绝缘拉杆、绝缘盆子和绝缘支柱等绝缘件，研制出体积和成本减少约 30% 的小型化和高可靠性特高压 GIS。

（2）特高压串补及可控串补装置。提出特高压串补及可控串补装置的关键技术指标和要求，研制出满足极寒（$-60℃$）、极热（$60℃$）、高海拔（4km）等特殊条件下特高压串补及可控串补装置（额定电压 120kV、额定电流 6kA）。提出特高压串补装置电容器额定电流及过负荷能力的确定原则，明确特高压串补装置各主要元件的关键参数设计要求，研制出高功率密度的电容器、新型火花间隙以及大容量固态开关等主设备，提出紧凑化串补平台结构方案。掌握特高压分布式串补核心技术，研制出特高压分布式串补样机，并给出工程应用方案。

（3）关键性能参数全监测特高压变压器。研制运行条件下变压器绝缘结构的实时测量系统；开发出适用于变压器全绕组温度和形变实时测量的传感器及平台；开展特高压变压器内部绝缘、温升和绕组变形状态测量技术研究；研究具备全参量测量和自诊断功能的特高压变压器样机。

（4）特高压交流高性能过电压限制装置。研制出可替代现有过电压抑制装置的高性能过电压限制装置；研制通流容量大、残压低、压比高的特高压避雷器。

（5）极端环境下高精度互感器。研究适用于极端环境下的各类特高压交流电压、电流互感器（电容式电压互感器、电磁式电流互感器、电子式互感器等）的选型及关键技术；研究极端环境下各类特高压交流互感器准确度影响特性；开展极端环境下各类特高压交流互感器自校准和在线校准研究；研制极端环境的高精度特高压互感器设备。

（6）高电气寿命、大容量特高压断路器。掌握 80kA 灭弧室大容量开断关键技术；掌握高性能触头材料烧蚀规律及核心制造工艺；掌握耐烧蚀喷口材料配方及高强浇注制造工艺；完成 80kA 大容量、高电气寿命断路器样机的制造。

（7）电网潮流及短路电流复合控制装置。建立复合控制装置的仿真分析模型，解决系统级和装置级仿真分析中模型匮乏问题；掌握复合控制装置潮流调节、短路电流限制等控制技术；提出复合控制装置的保护配合技术。明确复合控制装置的功能及性能指标，提出兼顾可靠性、灵活性和经济性的复合控制装置主电路拓扑结构，掌握装置级控制保护策略和快速同步技术，提出复合控制装置的整体技术方案。研制完成电网潮流及短路电流复合控制装置模块，模块额定容量 100MVA，适用线路电压等级

1000kV。研制完成电网潮流及短路电流复合控制装置样机，适用线路电压等级 1000kV，采用多模块串联结构，单模块额定容量 200MVA。

（8）特高压交流紧凑同塔双杆。为了满足大容量输电，节约输电走廊，以及抵御极端自然灾害的需要，尤其是同塔多回输电、大跨越的超大容量杆塔对输电铁塔强度的要求，需要研究高强度的钢材以及相应的高强度钢材和钢管构成的输电铁塔关键技术。为了保护环境，并解决山区输电铁塔基础施工困难的问题，需要研究大荷载杆塔基础的关键技术。为了满足复杂地形下大型输电铁塔的建设需求，需要研究大型铁塔的组装技术，并研究放线技术。

2. 特高压直流输电技术

（1）设备层面。影响特高压直流输电技术的关键设备主要有直流电缆、可控避雷器、大容量套管、大容量换流变以及直流线路等。

特高压直流电缆研究主要包括以下几个方面：①直流电缆主绝缘料及半导体屏蔽料特性研究。开展特高压直流电缆主绝缘材料及半导体屏蔽材料研制技术、制备工艺、材料改性技术研究；开展特高压直流电缆绝缘料与屏蔽料兼容性研究；研究 120℃ 工作温度运行的特高压直流电缆料。②直流电缆研制。开展特高压直流电缆结构型式、加工制造技术、生产工艺及试验测试技术研究；建立 XLPE 电缆的电气分析模型，从电流场及静电场的角度分析电导率和空间电荷对电缆绝缘层电场分布影响；开展直流电缆接头和终端的应力锥形状设计研究；开展施工方案研究。③直流电缆附件研制。开展整体预制式高压直流挤出电缆中间接头研究；开展充油式高压直流挤出电缆户内终端研究；开展硅凝胶（室温硫化硅橡胶）式高压直流挤出电缆户内终端研究；开展充气式高压直流挤出户内终端研究。

特高压直流可控避雷器研究主要包括以下几个方面：①特高压直流可控避雷器的控制策略和参数选择研究，包括特高压直流系统操作过电压波形特征分析、可控避雷器控制量的选择、测量和开关动作阈值的确定。②研究特高压直流可控避雷器的可控开关结构型式及参数。③研究特高压直流可控避雷器控制器的功能设计，控制器与控制保护系统的接口。④特高压直流可控避雷器本体结构参数研究，确定避雷器本体的动态能量吸收特性，建立选取电阻片参数、并联单元数量的原则。⑤特高压直流可控避雷器动作性能试验方法研究，研究可控避雷器动作负载试验方法，设计试验回路，进行动作负载特性试验研究。⑥特高压直流可控避雷器成套装置集成技术研究，研究可控避雷器各功能模块间的接口，获得不同参数可控避雷器产品系列。

极端环境下大容量套管研究主要包括以下几个方面：①研究环境友好型绝缘介质，掌握其绝缘性能变化规律；研究环境友好型直流穿墙套管关键技术。②开展阀厅内、外大温差条件对套管绝缘变化规律及运行可靠性的研究。研究绝缘特高压直流穿墙套管内部压力及流体场变化规律，评估直流纯气体绝缘穿墙套管在高寒地区的适用性及运行可靠性。③研究大容量直流穿墙套关键技术。进行热特性及载流能力提升技术研究；开展套管内部温度分布特性研究；开展局部过热对套管性能影响研究；开展热管技术在大容量直流套管载流能力提升中的应用研究。④开展阀侧套管绝缘材料特性、优化设计方法、关键制造工艺研究。

大容量换流变压器研究主要包括以下几个方面：①大容量换流变压器的主绝缘结构。在极端环境条件下，电压电流的同时提升导致换流变压器的绝缘问题尤为突出，以现有±800kV换流变压器绝缘结构为基础，进行优化计算和布置，在满足运输尺寸及重量要求的前提下，保证其设计安全裕度不低于或高于现有直流工程，确保设备运行的安全性和可靠性。②大容量换流变压器的漏磁抑制。换流容量提升后，电流增大，漏磁也增大，需控制绕组热点及结构件局部过热问题。漏磁引起的铁心结构件及油箱的局部过热问题，是直流电流提升后在换流变压器设计过程中的关键所在。③大容量换流变压器的温升控制。容量提升，电流增大，温升控制是大容量换流变压器研制的一个关键技术难点。换流变压器在传输功率时，本身存在空载和负载损耗，要消耗一部分电能，这部分电能转化成热能，使得温度升高，将造成换流变内绝缘性能下降。④大容量换流变压器的关键组部件。在极端环境条件下，阀侧套管和阀侧出线等装置研发难度非常高，对于提高容量后的换流变压器，设备的通流密度、热稳定性、机械应力等发生了重大改变，需要进一步实现关键核心部件的国产化。⑤大容量换流变压器的抗震需求。直流输电不可避免地会遇到活跃地震带以及极寒极热等极端气候条件，因此需要突破外界条件限制，提高换流变压器抗震等级。⑥大容量换流变压器的制造工艺及装配运输。容量提升后，换流变压器的线圈组装重量、铁心重量、器身重量、运输重量、装配总重等都将大幅提升，现有制造工艺面临巨大的挑战，尤其是铁芯吊装、干燥等，已经不能满足要求。运输重量和运输尺寸也将增大，对运输和现场装配提出了更高的要求。

极端环境下特高压线路设备研究主要包括以下几个方面：①高寒条件下线路设备的适用性。针对极寒地区（如温度低至−70～−50℃）输电线路，考虑到不同材料在低温下的膨胀系数变化，研究高寒条件下各种材料绝缘子、金具的适用性。②研制耐高寒大吨位线路绝缘子。研究极寒跳线下盘型绝缘子胶装水泥特性和复合绝缘子芯棒性能，研制可在极寒地区应用的耐高寒大吨位线路绝缘子。③研制耐高寒耐腐蚀金具。通过耐高寒金具材料选型、开展耐高寒耐腐蚀金具试验。④研制具有抗强风性能的复合绝缘子。洲际互联可能途经强风地区，对现有复合绝缘子伞形结构进行优化，研制具有抗强风性能的复合绝缘子。

（2）运行控制层面。特高压直流输电技术要求接入交流系统的强度在一定范围内，对交流系统的频率和电压支撑能力有较高的要求。直流系统与交流系统的相对强弱关系通常用交流系统短路容量与直流系统额定输电功率之比，即短路比（SCR）来评估；如果剔除无功补偿设备对交流系统短路容量的影响，上述比值则表示为有效短路比（ESCR）。对单馈入系统而言，ESCR>3时系统一般能在满载工况下稳定运行。对直流多馈入系统，参考传统短路比定义提出了多馈入短路比（MISCR），若MISCR值太小（规划阶段通常取MISCR不低于3），则受端电压不能为直流逆变站提供足够稳定的交流电压支撑。

当面临下列场景时，常规直流输电系统的灵活性和经济性略显不足：①从大型能源基地输送大量电力到远方的几个负荷中心。②直流线路中途分支接入电源或负荷。③几个孤立的交流系统用直流线路实现非同步联网。多端常规高压直流输电系统虽然可以解决多电源供电或多落点受电的输电问题，但在潮流反转过程中，直流电压极性改变，直流电流方向不变，因此并联连接时控制潮流不便，串联连接时又影响供电可靠性，使得传统多端高压直流输电系统过于复杂，运行可靠性难以保证，不能适应上述典型场景的技术要求。

3. 柔性直流输电技术及直流电网

与特高压直流技术相比，柔性直流输电在电压等级、输电容量等方面有较大差距，需要在换流器上进一步突破。直流电网尚处于技术研发和工程示范阶段，提升电压源换流器通流能力、降低高压直流断路器造价、限制直流电网故障电流、实现直流电压多等级变换、灵活控制直流电网潮流等都是需要突破的难题。重点需要开展以下几个方面的研究工作：

（1）高压大容量电压源换流器。开展高压大容量电压源换流器容量提升技术研究；开展换流器新型子模块设计和换流器拓扑结构设计等核心技术研究；开展换流器及其内部关键组件过电压分布和绝缘配合优化设计研究；开展换流器多物理场均衡设计方法研究；开展换流器宽频域运行状态在线监测与故障预警技术研究；开展高压大容量换流阀试验技术研究和试验能力建设；研制高压大容量电压源换流器样机；针对±800kV 直流电网工程，开展换流器工程化设计和应用技术研究。

（2）高压直流断路器。开展新型高电位供能系统设计方案研究与试验；开展超高速机械开关的本体、操动与缓冲机构设计方案研究与试验；开展直流断路器紧凑型模块化集成技术研究；研制直流断路器样机；开展直流断路器等效试验方法研究与试验能力建设。

（3）直流电网故障限流器。开展直流电网故障电流限制技术研究；开展适用于高压直流电网的故障限流器拓扑方案研究；开展适用于故障限流器的超导组件、电力电子组件等关键零部件研发；开展适用于±800kV 直流电网的故障限流器试验技术研究和试验能力建设；研制适用于±800kV 直流电网的故障电流限制器。

（4）高压 DC/DC 变换器。开展适用于不同直流电压等级的高压 DC/DC 变换器主电路拓扑技术研究；开展高压 DC/DC 变换器运行及其控制技术研究；开展高压 DC/DC 变换器快速故障检测与保护技术研究；开展高压 DC/DC 变换器紧凑型模块化集成技术研究；开展高压 DC/DC 变换器关键应力分析及等效试验技术研究；开展适用于±500kV 及以下电压等级的高压大容量 DC/DC 变换器工程化应用技术研究。

（5）恶劣环境下的直流电网换流平台。开展极热、极冷和高腐蚀环境下直流电网换流平台的紧凑化、抗腐蚀、防潮、防震设计，全景化状态监测、智能化控制和远程维护等关键技术研究；开展极热、极冷和高腐蚀环境下换流平台可靠性技术研究；研制高可靠性海上直流电网换流平台。

（6）直流电网潮流控制器。开展直流电网潮流控制器的设计方案研究；开展直流电网潮流控制器中电容、电感等核心元件的型式选择及参数优化研究；开展直流电网潮流控制器的样机研制；开展直流电网潮流控制器的试验方法研究和试验能力建设。

（7）直流电缆。开展直流电缆多场耦合作用下介质空间及界面电荷的产生、运输、积累、消散过程研究；开展直流电缆和附件界面电荷控制技术研究；开展直流电缆绝缘料的配方及生产工艺研究；开展超光滑、可交联的高压直流电缆屏蔽料的研究；开展大截面紧压圆形电缆导体生产工艺的研究；开展充油式高压直流挤出电缆户内终端的研究；开展硅凝胶式高压直流挤出电缆户内终端的研究；开展充气式高压直流挤出户内终端的研究；开展新型环保体系电缆绝缘材料研究。

（8）直流电网超高速故障检测与保护装置。开展直流电网故障超高速检测关键技术研究；开展直流电网故障超高速保护策略与算法研究；研制大带宽、高精度、超高速光学直流传感器；研制适用于直流电网的超高速故障检测与保护装置；开展直流电网超高速故障检测与保护装置试验研究。

（9）智能化直流网络控制装备。开展智能化直流电网通用控制保护设备软硬件总体架构研究；开展直流电网多换流站超高速站间通信技术方案研究；开展智能化直流电网控制保护高速数据总线及实时通信接口技术研究；研制满足于多站间协调控制的智能化直流电网控制保护设备样机及全工况测试平台。

（10）基于宽禁带的电力电子器件和装备。研制高压大电流硅 IGBT 和高压碳化硅双极性器件；开展新型半导体材料关键技术研究；开展基于新型材料的电力电子器件新型结构设计及器件制备关键技术研究；开展基于宽禁带器件的换流器、直流断路器拓扑结构研究、核心组部件研发、试验机理研究和测试平台建设，研制基于宽禁带器件的换流器和直流断路器。

（11）特高压混合直流输电控制保护设备。①特高压混合直流输电控制保护系统研制。研究混合直流控制保护整体结构，研究控制保护的软硬件配置和功能配置方案，并研制控制保护系统。②特高压混合直流输电控制保护设备试验技术研究。研究混合直流控制保护设备的在线仿真技术、功能性能试验技术，以及现场试验的关键技术。

2.1.3 配电及用电领域

1. 电动汽车 V2G 技术

电动汽车 V2G 技术实现了电网与车辆的双向互动，为通过 V2G 这种方式实现电动汽车用户与电网之间的互利共赢，需要在以下几个方面实现技术突破。

（1）V2G 智能调度算法。通过 V2G 技术，电网利用电动汽车削峰填谷，实现调频调压，利用电动汽车提供旋转备用，并实现与可再生能源协同的智能调度算法。

1）集中式 V2G。调度中心根据当前电网的实际状况和需求，制定区域集合内所有电动汽车总的充放电功率调度策略。总策略包括电动汽车充电站充放电控制策略；充电站内电动汽车充电与否及其充放电功率的控制策略；电动汽车集合的总充放电功率决策方法；协调区域风力/火力发电厂出力以及电动汽车充放电功率的优化方法等。

2）分布式 V2G。通过本地量测的电压、电流、频率等信号，或者根据实时电价信息，实现自主决策电动汽车的充放电功率及制定本地充放电计划的优化算法。

3）换电式 V2G。对于公共汽车、出租车等公用车辆采用换电式 V2G 时，提出电动汽车换电站的布局策略、换电站作为储能电站的运行及调度策略。

（2）电动汽车充放电行为与价格因素关联模型。提出影响电动汽车用户充放电行为与价格因素的关联模型。提出电动汽车动力电池寿命与用户充放电行为的关联关系。提出延长电池寿命与电动汽车用户对充电引导策略响应率的关联关系。在考虑消费者价格敏感度及期望价格的基础上，提出制定合理的分时段、分区域充电服务价格的引导型策略，实现电动汽车的有序充电。

（3）电动汽车多场景引导型有序充电技术。通常电动汽车的充电问题主要与其运行场景密切相关。针对电动汽车进入高速公路或其他快速充电站、停留在居民区或工作场所等不同场景充电的关键问题，在考虑降低用户充电对电网的影响和降低用户充电成本的基础上，提出不同场景的电动汽车有序充电引导策略。

1）居民区电动汽车有序充电。居民区充电设施存在白天闲置现象且共享性差，采用引导型充电策略解决居民区充电设施利用率较低的问题。

2）工作场所电动汽车所有序充电。工作场所充电设施配置与电动汽车充电存在耦合性，合理配置电动车充电设施，实现充电设施运行成本和用户充电成本的优化。

3）高速公路电动汽车有序充电。高速公路电动汽车用户有沿袭加油的充电习惯，高速公路充电站间缺乏有效的充电引导机制，导致电动汽车排长队充电、增加用户等待时间、充电站闲置以及降低站内充电设施时间利用率等问题，需要对高速公路充电站内和充电站间有序优化充电。

4）快充电站有序充电。快速充电站普遍运行效率较低，尤其进站车流量较大的高速公路多类型电动汽车快充站，无法解决不同类型电池容量导致的功率差额，在变功率充电阶段，功率下降造成充电设施利用率降低。剧烈波动的充电负荷给电网带来巨大冲击，并对电网供电调节能力提出了更大的挑战。需制定快充电站有序充电策略，实现大规模电动汽车有序充电。

（4）配电网接纳电动汽车能力时序分析方法。针对新能源、多元复合接入的配电网时序变化新特点，提出配电网接纳电动汽车能力的计算方法。考虑配电网不同时段的可靠性需求不同，得到配电网站、线、变（配）对于电动汽车最优接纳容量；基于时序变化得到配电网动态接纳能力与电动汽车接入需求间的时间关联关系，为 V2G 优化调度算法提供决策依据，为大规模电动汽车接入形势下制定配电网规划建设改造目标提供参考。

（5）考虑电动汽车充电负荷特性配电网规划方法。考虑电动汽车充电负荷的时序概率特性，以及分布式电源、储能的时序互补特性，依据电动汽车的发展规划，及配电网对于快充、慢充设施的接纳能力约束，提出电动汽车基于引导型互动策略下的配电网规划方法，构建以经济性最优为目标的双层规划模型，其中上层以单位投资的增供负荷最大为目标，下层以电动汽车接纳能力最大为目标实现车网友好 V2G 配电网规划的经济性最优。

（6）V2G 充放电系统及控制策略。提出优化 V2G 系统的变换器结构，包括结构的选择原则以及双向 DC-DC、双向 AC-DC 变换器的集成。提出利用现有牵引驱动系统完成双向充电功能的技术。研制电动汽车车载 V2G 充电机，使得电动汽车车主可以灵活自主地参与各项 V2G 服务。分析电动汽车 V2G 单台充电机和充电机群的谐波特性，分析 V2G 技术对电网影响。解决并网谐波的抑制问题，包括三电平结构的应用以及新控制策略。

（7）V2G 网络的通信协议标准化技术。对于电动汽车、公共充电站、停车场充馈电站、聚合器、能量供求管理器这些功能组件构成的 V2G 网络系统，在分析该系统充放电服务中信息流类型、充放电过程以及 V2G 网络中各种功能组件的电力流与信息流通信需求基础上，结合目前 V2G 网络的通信技术，形成能够实现预约充电、全局馈电、局部馈电和价格管理功能的 V2G 充馈电调度管理的标准化通信协议，以方便不同厂家的电动汽车以及电网设备之间即插即用，无缝通信。

（8）电动汽车无线充电效率优化技术。从系统谐振拓扑结构的设计、基于相控电感电路的系统最优传输性能的实现及传输效率最大化的无线充电车位自适应优化设计等方面提出电动汽车无线充电系统效率优化方案。

2. 局域能源互联网

局域能源互联网领域需要突破的关键技术主要包括能源互联网综合规划技术、通用建模理论与多能流联合仿真研发以及电气转化（Power to Gas，P2G）、冷热电联供等核心装备研制。

（1）局域能源互联网综合规划技术。局域能源互联网的规划是已知规划对象的物理特性和相应的约束条件，选定合适的数学模型描述规划对象的物理特性，求解满足各项指标要求的规划方案，其中涉及多种能源的负荷预测、规划模型构建、规划模型求解等环节。

1）多能负荷预测。多种能源的负荷预测是建立规划模型的基础条件之一，规划的主要目标之一即是通过增加发电机、气井、冷热电联产（Combined Cooling Heating and Power，CCHP）等装置或者新建线路、管道以满足用户的多样化用能需求，因而首先需要对规划区域内用户的多种能源的负荷进行预测，从而在规划模型中建立多种能量供应平衡约束。

对于能源生产环节，规划区域内的各种能源资源的分布情况和用户的电、气负荷预测值是电源选址、定容的重要依据，分布式电源、燃气电厂需要根据用户的用能需求增长而合理地规划，从而避免容量浪费，提升系统的经济性；对于能源传输环节，能源需求的预测值决定了是否需要在已有能源传输网络的基础上，进行规划扩展，保证能源的传输，避免阻塞导致的供能不足；对于能源消费环节，用户的电、气、热负荷预测值是 CCHP 机组、储气、储热等设备选址、定容的基础，用户对电、气、热不同比例的需求决定了设备的运行参数。对于能源互联网中用户的负荷预测，可以采用大数据、数据挖掘等新兴方法提升电、气、热负荷预测的精度，并将负荷预测和能源系统的优化规划、运行更好的结合。

2）局域能源互联网规划技术。局域能源互联网规划可分为结构规划和系统规划两个部分。结构规划（能源规划）针对增量配网这种能源的生产、传输、消费都未确定的区域，通过分析规划区域内各种资源的分布和用户的电、气、热等多种能源的需求，考虑经济、技术等因素，在宏观层面上协调"源-网-荷"环节的规划，确定各个环节规划模型的多种能源供需平衡、设备建设年限等系统规划建模必需的基础输入信息；系统规划则立足于系统运行，依据规划区域内已有的多能源系统，规划增加的具体设备的选型、选址、定容和多能源网络的扩展等，是结构规划的具体体现，目前学术界广泛针对系统规划技术开展相关研究，对于各环节的规划模型如表 2-1 所示。

表 2-1   局域能源互联网各个环节的规划模型

局域能源互联网不同环节	能源生产环节	能源传输环节的源、网协同	能源消费环节
环节任务	接纳高渗透率分布式能源	最大化分布式能源消纳的前提下，保证能源高效传输	为用户提供高可靠性、高效的多样化能源供应
具体分类	电-热联合能源生产规划 电-气联合能源生产规划	不同应用场景的电-气联合系统的源-网协同规划	电动汽车充电站规划 微能源网规划
基础约束条件	能源生产单元建设年限约束 能源需求约束 出力约束	线路建设约束 电、气、热潮流平衡约束 节点、支路的功率、压力约束	能源转换设备建设约束 设备投资约束 能源转换设备功率约束 电、气、热潮流平衡约束
应用影响因素	供能可靠性 电-气-热互联互济	供能可靠性 系统运行费用 电-气-热互联互济 网络拓扑约束	供能可靠性 需求侧响应 系统运行费用 电-热-气互联、互济 网络拓扑约束

3）局域能源互联网规划模型求解方法。局域能源互联网的规划模型既需要根据风机、光伏、CCHP、储能设备等装置的运行特性建立各自的数学模型，也需要构建电、热、气多能流最优潮流，因而规划模型具有高维数、非凸非线性的特点，具有很大的求解难度。同时，规划模型也可能被设置为多目标优化。针对这些难点，可采取相应的模型简化方法和求解算法，目前主要有：①对部分非线性约束条件线性化以建立混合整数线性规划模型；②对规划模型进行连续变量、整数变量解耦，将大规模问题分解，分模块交替迭代求解；③利用智能算法求解规划中的多目标问题。3 种方法

的应用场景如表 2-2 所示。

表 2-2　　　　　　　　　　　常用模型简化或求解方法

模型简化或求解方法	约束线性化	变量解耦分模块求解	智能算法
应用场景	潮流模型中非线性方程	模型含整数变量和连续变量具有模块化特征的问题	大规模非线性问题多目标优化问题
目的	建立混合整数线性规划模型	分模块迭代求解问题	获取大规模问题、多目标问题的可行解

随着局域能源互联网综合规划技术的不断发展，在能源生产环节规划，源、网协同规划，能源消费环节规划都面临着如表 2-3 所示的挑战，如何有效地应对这些问题是能源互联网规划研究的重点。

表 2-3　　　　　　　　　　局域能源互联网规划的研究挑战

研究挑战	能源生产环节规划	源、网协同规划	能源消费环节规划
不确定性建模	可再生能源功率预测	可再生能源功率预测	用户的需求侧响应行为电动汽车充电行为
多时间常数的建模	—	电-气-热的耦合过程	
可靠性约束	新设备的可靠性建模（如 P2G 电站）	电-气-热系统的互济效应	电-气-热多能系统的互济效应
模型的求解	大规模的高维数、非凸非线性的数学模型的求解		
能源价格影响	不同能源生产计划的不确定性变化	单一能源需求的增长可能造成网络阻塞	能源消费量的不确定性现货市场的影响

（2）局域能源互联网通用建模理论与多能流联合仿真技术。

1）局域能源互联网通用建模理论。目前，关于能源互联网综合能源单元建模和综合能源网络建模的研究鲜有涉及，国际上仅有的对上述两个部分统一机理建模的尝试，是瑞士苏黎世联邦理工学院所提出的能源集线器（Energy Hub）模型，如图 2-1（a）所示。在该模型中，能源单元被称为能源集线器，负责能源的转换、分配和存储，将用能需求抽象为电、热、冷三类。能源集线器负责将其他能源转化为这 3 类能源输出，它是对现有的各类综合能源单元方案的高度抽象化。能源传输环节在该模型下被称为能源互联器（energy interconnector），其作用是实现电力、化学能和热能的联合传输，如图 2-1（b）所示。进一步，两类模型的组合即构成能源互联网能源系统的主要架构，如图 2-1（c）所示。图 2-1（c）中，H1 至 H4 均为能源集线器。

能源集线器的基本通用模型由转换模型、分配模型和存储模型构成。

2）多能流联合仿真技术。在系统建模的基础上，利用分析手段对能源互联网进行多能流仿真研究，以揭示其运行机理和动态特性。对于能源互联网这样一个极为复杂的动态系统，须同时考虑其在时间、空间和行为三个方面的复杂性。时间复杂性既

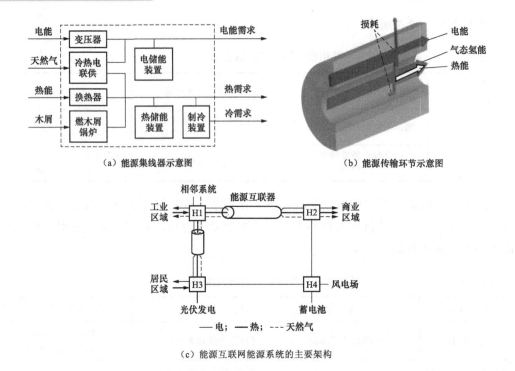

（a）能源集线器示意图   （b）能源传输环节示意图

（c）能源互联网能源系统的主要架构

图 2-1　能源集线器统一模型

要考虑传输速度极快的环节，如电力系统，其能量的传输和转换以光速实现，几乎于瞬间完成，其动态以纳秒到毫秒时间尺度描述；也要考虑传输速度慢、具有较大时延的环节，如燃气、热力等管道系统，其动态需在秒、分钟甚至小时级的时间尺度上描述；还要满足规划和评估等长时间尺度研究的需要。空间复杂性既要考虑单一能源环节内部的动态，也要考虑不同能源环节的相互影响；既要考虑能源在区域大范围内的平衡和互济，也要考虑能源在局部的优化与消纳。行为复杂性既要考虑系统的连续环节，也要考虑大量的不连续（如跃变、切换、滞回等）环节的影响；既要考虑确定性的因素，也要考虑大量不确定性因素的影响；既要考虑可量化因素，也要考虑不可量化因素的影响。鉴于以上时间、空间和行为三个方面的复杂性，用于能源互联网的多能流仿真技术须解决多时标、高维数、大量非线性等难题，因而研究难度较大。

（3）电转气（Power to Gas，P2G）技术。日渐成熟的电气转换技术实现了电能向天然气的转换，从而使得电力系统和天然气系统得以闭环互联，拓展了电力-天然气互联系统在能源协调优化方面的应用前景。P2G 指利用电能将水和二氧化碳转化为氢气或天然气的过程。P2G 一般通过两步实现：第一步消耗电能对水进行电解；第二步通过催化反应使得电解的氢气甲烷化，从而得到天然气。电解水制氢技术主要分为碱性电解水制氢（AWE）、质子交换膜电解水制氢（PEM）及固体氧化物电解水制氢（SOEC）等。AWE 是目前最为成熟、经济的电解水制氢技术，其核心装置碱液电解槽结构简单、操作方便，且对原料水质要求不高，成本优势较为明显。但是在工程应用上仍存在许多缺点，如电流密度低、动态响应差、隔膜串气、碱液腐蚀等。为解决上述问题，开发了一种阴离子交换膜（AEM）技术，该技术成本较低，且隔膜具备良好的气密性、稳定性和低电阻性，其缺点是离子电导率低、高温稳定性差，需要进一步研究开发高效稳定的隔膜及适配的高性能催化剂。PEM 技术设备集成化程度高，产氢纯度较高，且具有较大电流密度和响应速度，适配于波动性较大的新能源发电系统。但是其造价昂贵，对水质要求较高，推广难度较大。SOEC 技术的优势在于能量转化率高，一般可达 85%～100%，可有效减少电解过程所需的能耗，且无需贵金属催化剂。但其材料成本较高，高温密封较难，高温高湿环境对材料的化学和机械稳定性提出了更高要求，在一定程度上限制了该技术的发展。目前，SOEC 技术仍处于实验室研发阶段，短期内无法实现商业化。

P2G 厂站作为连接电力系统和天然气系统的单元，兼具电力系统负荷和天然气气源两种功能。P2G 技术的响应速度快，调度特性灵活，可广泛应用于电力系统削峰填谷、分布式能源消纳、提供储能和调频等辅助服务等。未来，电转气、电制氢技术将向大容量、安全可靠、高效运行、电-气耦合、智能化等趋势发展，将更多参与电力系统的优化运行，消纳间歇性可再生能源的发电出力，提高能源系统综合效率。

2.1.4 储能领域

1. 物理储能

（1）抽水蓄能。变速抽水蓄能机组是研究的热点，变速抽水蓄能机组具有自动跟踪电网频率变化和高速调节有功功率等优势，可准确、快速对电网频率进行调节，有效调节电网功率波动。海水抽水蓄能电站目前面临海水腐蚀机电设备、海水渗漏污染周边环境等一系列难题，采用合理解决方案将使其具有广阔的应用前景。智能抽水蓄能电站是未来发展的一个主要方向。通过智能网络和物联网技术，实现抽水蓄能电站设备、系统之间的交互联动、协调工作，并通过与智能电网的信息交互、信息共享，完成抽水蓄能电站新型源网协调需求的目标。通过采用抽水蓄能与光伏、风电等多品种间歇性能源多能互补的联合运行方式，实现电能的高质量输出和利用，保障大电网的安全稳定运行。

（2）压缩空气储能。为进一步减少碳排放，非补燃式压缩空气储能技术得到广泛关注，主要包括：绝热压缩空气储能、蓄热式压缩空气储能、等温压缩空气储能、深冷液化空气储能等。

绝热压缩空气储能系统将压缩过程产生大量的热进行存储，并在释能过程中，利用存储的压缩热加热压缩空气，然后驱动透平做功，相比于补燃式的传统压缩空气储能系统，由于回收了空气介质压缩过程的压缩热，系统的储能效率可达 70%。同时，由于用压缩热代替燃料燃烧，系统去除了燃烧室，实现了零排放的要求。该系统的主要缺点是储热装置将增加系统初期建设成本。

蓄热式压缩空气储能与绝热式压缩空气储能系统的区别在于采用了压缩机组级间

冷却、膨胀机组级间加热的方式。蓄热式系统储热温度降低使对蓄热罐和压缩机材料的要求降低，同时压缩侧功率减小，其工程实践性和可靠性更高。但因增加多级换热器导致能量损失和投资成本的增加，使系统效率降低。

等温压缩空气储能系统是采用特定控温手段（如液体活塞、喷雾等），使得在压缩/膨胀过程中空气的温度变化在一个很小的范围内，实现近等温压缩/膨胀过程。系统效率可高达 80%，且无燃烧室和储热装置。但该系统主要缺点是在压缩过程中，部分空气溶解于水中导致部分能量损失。

深冷液化空气储能系统将能量以液态空气介质进行存储，因空气液态密度较气态密度大约 700 倍，存储空间可大幅减小，避免地理环境的限制。但同时系统额外增加相关设备，增加了系统损耗。

（3）飞轮储能。飞轮储能的主要缺点在于由转子和轴承的摩擦阻力、电机和转换器的电磁阻力所致能量耗损。若想储存更多能量，飞轮就需要有更高的转速（一般为 10000～100000rad/m），但这同时会使飞轮产生更大的应力，对材料的要求更高，通常高转速时选用碳纤维复合材料取代适用于低转速的金属材料。其中，轴承是影响成本的关键，当转速提高时摩擦损耗影响甚巨，为了降低摩擦耗损造成的负面影响，需选用更佳的轴承。在转子高速运行的条件下传统的机械球轴承已不适用，磁轴承（其中超导磁轴承尤佳）会是更好的选择。然而，若选用高强度材料的转子、性能更佳的轴承，会大幅增加储能系统的成本，这是当前影响飞轮储能普及的关键因素。未来若能提升飞轮转子、轴承或外壳等部件的制造工艺与技术，进而降低成本，则具多项优点的飞轮储能有机会胜过其他电化学储能技术，大幅提高其市场占有率。

2. 电化学储能

以零应变材料为代表的长寿命电池材料是目前的研究热点，需要进行技术攻关，提高电池寿命。

（1）锂离子电池。目前开发的基于零应变材料的锂离子电池成本是目前磷酸铁锂电池成本的 2～3 倍，因此，需要在材料复合、材料修饰、电池生产工艺等方面进行攻关，降低电池成本。目前的锂离子电池技术因材料体系特点无法从根本上保证其安全性。为降低电池出现安全事故的概率，提高电池的本征安全性，需要研究电池安全状态评估技术、具有安全防护的电池成组技术、电池安全防控措施等，从而提高锂离子电池在储能领域应用的安全性。

（2）全钒液流电池。针对全钒液流电池储能系统在工程化应用与产业化推广过程中存在的能量密度和效率偏低、成本偏高等若干瓶颈问题，重点需要在材料工程化开发技术、电堆结构设计技术、系统集成和能量管理控制技术等方面进一步开展研究，实现关键技术突破。

（3）铅炭电池。目前铅炭电池碳材料提高电池寿命和倍率性能机理还不明确，因此，需要开展铅炭电池碳材料机理研究，以及抑制炭材料腐蚀氧化和析氢等电化学机理研究；炭材料、复合电极材料、电解液添加剂以及耐腐蚀集流体是铅炭电池的核心材料，需要开展新型高性能炭材料和添加剂制备技术研究、开展新型电解液添加剂技术研究，建立碳材料和复合电极材料电化学性能快速评估体系和平台；开展铅炭电池成组集成技术和系统运行维护技术及评价研究，为建立储能用铅炭电池组的技术评估规范和应用导则提供技术支撑。

3. 电磁储能

电磁储能主要包含超导储能和超级电容器储能两类。

对于超导储能，高温超导材料的研发可以大幅度降低超导储能的成本，提高超导储能的实用性，使超导储能应用范围增加；开发安全可靠的失超保护技术，有利于超导体的稳定性和安全性，防止因断流而导致的电路故障；进一步降低超导储能线圈交流损耗和提高储能线圈稳定性，可提升超导储能的效率和可靠性。

超级电容器的电化学性能受电极材料、电解质以及结构的影响。依靠双电层储能的传统碳基超级电容器的能量密度理论比容量较低，通常考虑引入第二相活性物质来获得储能比容量的提升。需进一步研究的方向：①在电极设计方面，获得适用于商业化超级电容器的高效稳定的双电层/赝电容复合电极；②在电解质方面，使用聚合物-离子液体电解质制作更高电压的超级电容器以提升超级电容器储能密度；③寻找适用于构造全固态柔性超级电容器的高电压电解质；④合理构造与设计"能量转化-能量存储"集成系统，同时提高能量转化与能量存储效率，实现高效能源可再生与循环利用系统。

4. 相变储能

复合相变材料由相变材料、骨架材料和导热增强剂组成，在相变材料、骨架材料和导热增强剂的筛选及制备技术方面，其价值有待进一步发掘和利用；在相变储能换热器结构分析及应用技术方面，换热器材料选择以及结构设计、控制策略有待进一步加强；在相变储能系统的协调控制技术方面，相变储能系统的储热和释热过程的动态分析手段有待进一步研究；标准体系研究，针对电网的要求提出相变储能系统的检测标准等。

5. 氢储能

虽然氢储能系统在可再生能源利用上有明显优势，但目前技术成本偏高制约了其发展，当前氢储能系统成本约 13000 元/kW，远高于其他储能方式。同时，氢储能系统利用效率问题也成为其发展需要突破的瓶颈，狭义氢储能的"电-氢-电"过程存在两次能量转换，整体效率仅有 40%左右，与其他储能的效率差距明显，未来需要进一步突破高效制氢、低成本储氢、高效放电等关键技术。

目前，新型电解水技术还不成熟，需要开展高效制氢技术研究；固态储氢材料目前还存在成本高、质量储氢密度低、储氢罐技术不成熟等问题，为提高系统效率，必须完善固态储氢技术；研究气热电协调控制技术；研究氢发电系统能量管理技术；需要提高氢发电系统容量，开展大容量氢发电系统研究。

6. 储能应用技术

储能技术在接有大量风能发电、太阳能发电的电力系统广泛应用，电力成为可以存储的商品，电网的结构形态、规划设计、调度管理、运行控制等将因此发生革命性的变化。面对电力系统对大规模储能技术的迫切需求，在规划布局、运行控制、系统集成及工程化应用综合评价等方面开展关键技术研究。

（1）在储能系统应用基础理论方面，需要突破的关键技术有：

1）应对大规模可再生能源接入的多类型储能系统多点规划布局方法研究。研究大规模储能、可再生能源发电与输电系统输送能力、本地消纳能力间的耦合特性及仿真模型建立；研究多类型储能系统互补机制、多点布局储能系统作用机理及在区域内汇聚效应；研究可再生能源富集区域内储能系统的选型与布局、配置方法及规划设计。

2）大规模储能电站与电网交互影响仿真平台。研究大规模储能电站群与电网交互影响机理；研究大规模储能系统应用于新能源接纳、电网调峰调频、均衡负荷等的控制理论及配置技术；建立电网中储能电站群数值仿真模型；结合动模实验，研究提高大规模新能源接纳能力、电网稳定性和负荷供电可靠性的方法。

3）广域储能系统的调度和本地运行控制方法。广域布局储能系统参与系统调峰、调频的协调控制与调度方法研究；多类型储能系统的经济优化调度方法；多类型储能系统的本地多目标优化控制方法。

4）分布式储能运行控制技术研究。基于对等控制的分布式储能接入控制技术研究；分布式储能参与能源互联网运行模式研究；大规模储能接入直流配电网能量平衡优化技术研究；基于自适应下垂特性的光储系统并联运行控制方法研究；大规模分布式储能接入对区域电网能量平衡及电能质量优化的支撑技术研究；兆瓦级储能电站的黑启动控制技术研究。

（2）在储能系统集成及工程化方面，需要突破的关键技术有：

1）基于新型器件的新型储能系统换流核心设备研制。SiC器件在新型储能系统（含氢储能、相变储能、石墨烯超级电池储能等）核心设备中应用技术研究，搭建基于SiC器件的新型储能换流设备的仿真平台。

2）储能系统模块化设计及集成技术。研究适应于不同规模储能系统、不同类型储能技术特点的模块化设计原则；研究兆瓦级储能系统模块化结构设计和标准化接口设计方法；研究兆瓦级联式储能系统的能量转换装置。

3）氢储能、相变储能、飞轮储能系统的集成及工程应用技术。研究储能系统的集成技术、储能系统并网接入技术、能量管理平台等工程应用技术。

2.1.5　信息与控制领域

1. 系统保护

（1）适应特高压直流接入的新型交流侧保护控制技术。系统保护目前在第一道防线中主要集中于优化失灵（死区）保护，并未涉及交流系统保护技术研究。交直流混联大电网中，交直流故障相互交织影响，故障形态复杂多变，依赖传统的交流保护配置方案可能会出现不适应性，为此迫切需要开发适应特高压直流接入的新型交流侧保护控制体系，如研究新型快速保护原理、开发同步相量测量装置的保护控制潜能等，从第一道防线上遏制故障的蔓延。

（2）在线实时协调控制的系统保护防御技术。系统保护目前的设防模式仍然以"离线"为主。未来电网的源网荷特性都会发生显著变化，电网出现复杂故障的风险会逐渐增大，现有系统保护"离线控制策略"防御模式很难保证复杂故障下系统的安全稳定运行。因此需要研究在线实时协调控制技术，通过实时跟踪系统的运行状况，在发生极端故障情况下，仍然能确保系统不发生大规模停电事故，具体需要研究基于故障事件与响应信息的电网扰动场景快速可靠判别技术、适应电网送受端协调的多稳定约束和多变量混合优化技术等。

（3）全景状态监测技术。由于电网故障形式的连锁化，扰动冲击范围扩大，事故分析对数据采集提出精确同步、广域采集、高精度、多时间尺度、高可靠性、全状态感知等要求。有必要研发支撑电网故障感知与分析的全景监测技术。全景监测技术可以用于仿真模型实测校验、电网特性仿真精度影响因素分析及参数校验、系统保护动作全过程行为分析等。

（4）多频振荡精确抑制技术。系统保护通过在振荡风险较高的厂站端布置同步相量测量装置，可以搜集不同振荡模态的振荡数据，但对于次同步振荡、超低频振荡未能实现精确控制。通过研究多频振荡的扰动源定位、传播路径等技术，实现多频振荡精确抑制的目的。

（5）电网和通信网的协调防御技术。电力通信网由于环境等因素造成的故障，有可能造成电力工况数据的不可观和故障的不可控，并导致相继故障的发生。通过通信安全防御系统与电网控制系统数据交互，可实现电网和通信网的协调防御。系统保护可建立一个互联的、分层设计的专用通信网，为通信保障、广域数据采集和快速信号传输提供高速、高可靠性和小延迟的通信支撑，快速实施多维协调防御控制技术。

（6）多源协同的主动应急控制技术。系统保护应结合故障发生及发展的全过程，充分利用各类先进控制技术，弱化交直流混联电网中故障的冲击，实现多源协同的主动应急控制。通过考虑新型特高压交直流混联电网的故障特征和传播特征，评估源网荷和多时间尺度的协调性，以实现主动有序的应急控制措施，降低大规模级联故障传播风险，具体包括精准负荷控制技术、多时间尺度协调控制技术、主动分散控制技术。

2. 智能电网调度控制技术

（1）系统基础支撑技术。支撑平台是电网调度控制系统开发和运行的基础。新型智能调度控制系统需要面向强互联大电网，采用"物理分布、逻辑统一"的体系架构，将物理分布在各级调度的子系统，通过广域高速通信网络构成一套逻辑上统一的大系统，突破传统的独立建设、就地使用模式的局限，统一为各级调度提供服务。新型调度控制系统基础平台需要支持全网集中分析决策，既要保证分析决策中心大量周期启动的分析应用功能正常运行，又要协调并快速响应异地高并发计算任务的请求，还要具备高度的可靠性，以保证提供不间断的服务。新型智能调度控制系统的基础支撑技术，研究方案如图 2-2 所示。

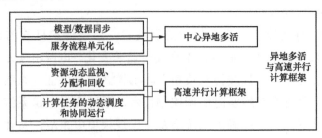

图 2-2 新型智能调控系统基础支撑技术研究方案

需要重点攻克以下两项技术要素：

1）中心异地多活技术。为保证分析决策任务执行高效可靠，需要在物理上配置多个分析决策中心，建成同时提供服务的异地多活分析决策中心。需要重点研究应用层数据复制策略，攻克跨中心数据同步技术，从而实现业务流程的服务单元化，解决跨中心负载均衡和数据一致性问题，实现故障时无缝快速切换。

2）高速并行计算框架。通过研究资源建模技术，提出硬件、数据、模型等多维度资源的动态调度策略。研究资源的快速分配和弹性扩展方法，基于多机多核和图形处理器（GPU）并行计算技术，构建负载均衡和冗余容错的高速并行计算框架。

（2）模型云与调控大数据技术。全面完整的电力系统模型和数据是分析决策全局化的根本保障，需要将电网模型由以往各个调度机构各自构建过渡到全网统一建模，着重解决模型维护、存储、发布等问题。大电网全局监控要求信息的准确性高和推送的精准性强，否则调控人员将被淹没于信息之中，因此信息的深度加工要求成为必然。电网运行、设备状态和外部环境等各种数据本质上是相互关联的，对它们进行统一分析、深度挖掘、知识发现，有助于调控人员更好地掌握电网运行态势，准确定位电网故障。而先进的人机交互技术则可以进一步提高监控的效率。模型云与调控大数据技术，研究方案如图 2-3 所示。

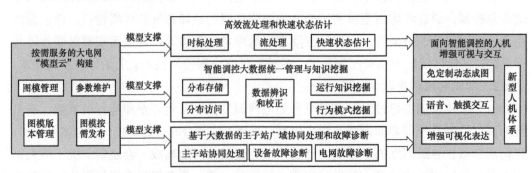

图 2-3 按需建模与广域数据分布式处理技术研究方案

需要重点攻克以下五项技术要素：

1）大电网"模型云"构建技术。基于模型统一编码、元数据管理与数据对象结构化,建立图模分责维护机制与标准化维护流程,构建覆盖全网设备的"模型云",创建多版本模型,实现模型验证与评价,并面向各调控机构提供模型按需服务。

2)数据高效流处理和快速状态估计技术。采用云计算和流式计算技术,研究广域动态/稳态时标数据处理方法,提供精准同步断面。构建基于多调控中心的状态估计并行计算机制,采用分解协调方法实现快速状态估计。

3)调控大数据统一管理与知识挖掘技术。基于多元数据分布存储、高效访问技术,对数据进行辨识和校正。研究调控业务应用场景和多级电网运行知识库构建技术,快速识别电网运行轨迹;研究调控人员行为模式挖掘的大数据技术与机器学习方法,提供智能化的辅助决策。

4)主子站广域协同处理和故障诊断技术。充分利用子站数据和站端计算处理能力,采用主子站广域协同业务处理技术,实现大电网故障协同告警及同步感知;基于大数据技术,研究基于多源信息融合、智能推理和机器学习的设备故障诊断算法,快速定位电网故障。

5)人机增强可视与交互技术。基于二维、三维图形和虚拟现实等技术,提出符合视觉感知和人脑思维特征的可视化表达方法;研究多画面的界面插件化技术,实现调控信息感知、分析和辅助决策的可视化视图动态生成;研究语音输入、动态成图和即时通信等新型人机交互技术,为各应用功能提供模型、数据、知识的人机增强交互支撑。

(3)基于源荷互动的调度控制技术。新能源的广泛接入及柔性负荷与电网双向互动程度的加大,增加了发电计划编制和调度控制的难度;全局分析优化则导致计算规模更大、任务更重,控制策略的协同性要求更为迫切。遵循发电和负荷的不确定性随着时间推移逐渐减小的客观规律,日前发电计划可以先给出一个相对宽泛并满足安全约束的运行区间,在日内、实时运行过程中再逐步收窄运行带,最终优化到一个确定的经济运行点,并将运行点的各项目标要求分解到各级监控子系统,从而实现大电网稳态运行下的自动巡航。基于源荷互动的调度控制技术,研究方案如图 2-4 所示。

需要重点攻克以下四项技术要素:

1)源荷模型及优化计算方法。应用博弈论等理论,建立异质电源与柔性负荷响应不确定性统一模型;采用 GPU-CPU 混合计算、并行计算和云计算等技术,研究电力系统大规模分析及优化的计算方法,提升大电网不确定潮流及优化算法的计算效率。

2)多目标经济运行域生成技术。考虑全网异质电源互补和柔性负荷响应等手段,面向电力市场化带来的新要求,采用多目标优化和不确定性优化,建立源荷协同多目标调度模型;基于源荷协同多目标调度模型,计算基于置信区间的电网经济运行域,分析不同时间尺度经济运行域的关联性,研究经济运行域多周期滚动生成技术。

3)多维度实时评估及自主优化技术。基于时空多维度评估指标体系,采用模糊理论分析大电网各时段运行状态,采用数据包络法评估各分区电网运行的差异性;分析大电网全景信息,基于数据驱动技术和学习优化方法,确定电网最优经济运行点。

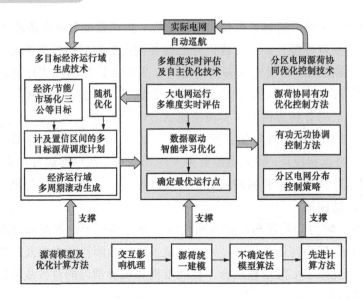

图 2-4　计及源荷双侧不确定性的大电网智能调度控制技术研究方案

4）分区电网源荷协同优化控制技术。在全网最优经济运行点的指导下，研究分区电网在线功率控制优化目标和约束，建立分区电网有功优化控制模型，提出柔性负荷参与调频的源荷协同控制策略，提出有功无功协调智能控制方法，实现分区电网的有功频率和无功电压的在线协调控制。

（4）大电网一体化安全风险防控技术。特高压电网送受端、交直流和上下级电网间耦合紧密，只有通过全局防控才能有效降低电网运行风险，而源荷双侧的不确定性进一步加大了电网安全风险防控的难度。需要建立科学的风险评估指标，量化评估、感知、预警在线安全风险，在此基础上全局优化预防性控制措施，并对系统保护和安全自动装置的运行参数进行在线协同校核，由分析决策中心将决策结果下发至监控子系统协同执行，确保电网安全稳定运行。大电网一体化安全风险防控技术，研究方案如图 2-5 所示。

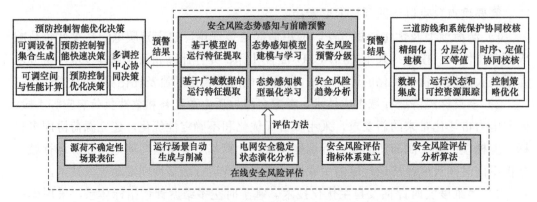

图 2-5　大电网一体化在线安全风险防控和智能决策技术研究方案

需要重点攻克以下四项技术要素：

1）在线安全风险评估技术。针对大电网实际运行方式，研究源荷不确定性对大电网安全风险的影响，在保留关键特征的基础上，采用场景抽样和压缩等技术处理源荷不确定性；针对电力电子化带来的稳定特征变化，通过精细化建模和快速时域仿真研究特高压交直流电网安全稳定状态演化过程；综合安全稳定性与经济损失指标，量化评估电网安全风险。

2）安全风险态势感知与预警技术。采用关联分析方法研究影响电网安全风险态势的关键运行特征，基于数据挖掘技术构建电网安全风险态势感知模型，利用多属性评价技术实现电网多时间尺度安全风险态势预警。

3）预防控制智能优化决策技术。对高风险预警场景，通过集中决策与分布式协同相结合的方法进行大电网安全风险预防控制策略优化，利用智能分析方法快速生成预防控制策略空间；计及新能源消纳、电力市场等约束构建大电网预防控制优化决策模型，采用"解耦局部优化—聚合全局协调"的策略优化求解。

4）三道防线和系统保护协同校核技术。通过精细化建模和分层分区简化，构建适用于协同校核的快速时域仿真方法；在线跟踪并集成电网实时运行状态和保护控制投入信息，利用快速时域仿真方法在线协同校核三道防线与系统保护，确保准确和适度的控制策略。

3. 网络信息安全技术

（1）人工智能技术。人工智能技术的快速发展带动了网络安全技术的变革升级，推动网络安全防护从被动转变为主动。传统安全设备如防火墙、杀毒、WAF、漏洞评估等都以防御为导向，这些模式难以适应云和大数据为代表的新安全时代需求，只有通过海量数据深度挖掘与学习，采用安全智能分析、识别内部安全威胁、身份和访问管理等方式，才能帮助企业应对千变万化的安全威胁。人工智能技术在网络安全产品中的应用将使得网络安全防御体系的高效检测与防护成为可能。除此之外，人工智能技术自身的安全也日益受到关注。安全、隐私、伦理覆盖了人工智能领域的基础设施提供者、信息提供者、信息处理者和系统协调者四个主要角色，对每个角色都有重要的影响作用。同时，安全、隐私、伦理处于管理角色的覆盖范围之内，与全部角色和活动都建立了相关联系。在安全、隐私、伦理模块，需要通过不同的技术手段和安全措施，构筑全方位、立体的安全防护体系，保护人工智能领域参与者的安全和隐私。

（2）大数据技术。大数据技术逐步成熟、应用与推广，为安全威胁检测和网络安全态势感知技术提供了新的发展方向。大数据技术特有的海量存储、并行计算、高效查询等特点，为大规模网络安全态势感知和网络安全威胁检测的关键技术创造了突破的机遇。以大数据分析为基础的威胁情报分析和安全态势感知技术被认为是应对新型未知威胁的有效途径，并受到国外政府和企业的高度重视。通过基于大数据的电力应急辅助决策关键技术研究，可以进一步提高应对突发事件中应急决策的科学性和合理性，提升应急处置能力，为安全稳定的电力供应提供保障。

（3）电网工控安全防护技术。新一轮电改以及能源互联网战略的实施，带来了电网业务模式的变革，分布式可再生能源、大型新能源发电侧单元、电动汽车、智能用电、可穿戴设备、机器人等新型业务不断在配网自动化、智能变电站、负荷控制等典型电网工控系统中深化应用。这些新业务呈现出广泛互联、开放互动、高度智能和灵活服务的特点，对电力生产、经营以及优质服务提出更高要求，同时也给现有以隔离手段为主的工控安全防护体系带来新的挑战，亟需研究大规模互动互联环境下的电网工控系统安全风险、攻击机理、漏洞挖掘以及防护技术，提升电网工控系统抵御信息攻击的能力。

（4）区块链技术。区块链是一种源于数字加密货币比特币的分布式总账技术，区块链具有去中心化、去信任、匿名、数据不可篡改等优势，突破了传统基于中心式技术的局限，是信息安全领域研究的一个重点。在云计算、物联网、移动网络、大数据等新技术条件下，对认证技术、访问控制、数据保护等信息安全技术提出了去中心、分布式、匿名化、轻量级、高效率、可审计追踪等更高要求，而区块链具有的优势正好与之相吻合，因此区块链技术能够解决传统信息安全技术无法很好解决的问题。

（5）安全即服务（Security as a Servive，SaaS）技术。威胁情报即服务（Threat Intelligence Security Service，TISS）、管理安全服务（Managed Security Services，MSS）成为未来几年的热点方向。在安全体系架构中，快速的安全检测与响应是其中的重中之重，威胁情报即服务、管理安全服务是安全检测与响应的重要组成部分。威胁情报即服务能够快速发现网络入侵行为，而管理安全服务可以利用现有的所有安全技术对网络入侵行为进行分析定位并消除。

（6）身份与访问管理技术。身份与访问管理技术是可有效控制人或物等不同类型用户访问行为和权限，保障拥有合法权限的人或物体在规定的时间、地点有权限访问对应资源的管理系统。每个人、终端、设备、服务都有其独特的身份属性，如何应用身份与访问管理技术，高效解决海量用户、终端的身份管理难题，覆盖日益增多的业务场景，成为网络信息安全面临的重要挑战。随着云计算、物联网、区块链、5G、大数据等信息技术的快速发展，身份与访问管理技术将向服务化、智能化、动态化演进。多因素验证、生物识别、区块链技术、大规模跨域认证等技术是身份与访问管理技术发展的重点。

2.2 新技术影响因素

能源电力新技术发展除了受到技术本身发展的约束之外，还受到市场、经济、社会、环境等多方面因素的影响。本节结合各领域技术发展特点，分析限制能源电力新技术发展的非技术性因素，从而为新技术发展提供参考。

2.2.1 发电领域

分布式发电技术近年来发展趋势加快，受到市场、经济和社会等因素制约。

1．市场限制因素

提高相关技术装备自主制造能力，是降低分布式电源投资运维成本，实现我国分布式电源大规模发展的必要条件。从分布式光伏和分散式风电来看，我国已经建立了较为完整的产业链条，具有充足的生产制造能力，技术装备水平居世界前列，已具备大规模发展的技术装备基础。

2．经济限制因素

经济性问题是目前制约分布式电源规模化发展的主要因素之一。分布式电源开发利用成本主要包括两大部分，项目开发成本和并网成本。项目开发成本主要受资源条件、发电技术装备水平和成本影响；并网成本是由于分布式电源出力特性和运行特性不同于常规电源而提出的，主要受接入电网条件、接入方式影响。

相比于光伏电站，分布式光伏发电项目价格比光伏电站高 10%～20%。分散式风电项目度电成本要高于大型风电场，根据我国中东部及南方地区风能资源、建设条件、机组价格和运行管理水平等条件测算，目前分散式风电发电成本在 0.5～0.6 元/kWh。根据目前全国发电用天然气平均价格 2.43 元/m³ 进行测算，天然气分布式发电成本约为 0.8 元/kWh，楼宇式项目的度电成本高于区域式项目。

并网成本主要包括用户侧接网成本、电网侧接网成本、电网改造成本以及接入系统方案设计费用。用户侧接网成本按照"谁受益、谁投资"的原则，用户侧接网成本通常由项目业主来承担。我国电网企业大力支持分布式电源发展，承担电网侧接网成本。当分布式电源接入容量超过配电网接纳能力时，需要对电网进行改造而产生成本，包括线路和变压器的扩容升级、保护装置的更换等费用。接入系统方案设计费用通常占项目初始投资的 0.5%～2%。

3．社会限制因素

从国外分布式电源的发展经验来看，高成本的分布式电源的发展离不开国家的财政补贴，而补贴最终主要通过电费附加分摊，势必提高电价，导致社会用电成本的增加。目前，分布式电源发展较快的国家基本上都是经济发达国家，具有较强的财政支付能力及用户电价承受能力；相反，在经济实力较弱的众多发展中国家，分布式电源发展水平相对较低，这表明一个国家的经济实力与分布式电源发展水平密切相关。我国可再生能源补贴主要来自可再生能源基金，随着可再生能源规模的扩大，多次上调了可再生能源电价附加标准，尽管如此，我国可再生能源基金每年都存在缺口，而且呈现逐渐增大的趋势。未来我国可再生能源规模化发展将主要依靠新能源发电技术自身发电成本的下降，单纯依靠增加可再生能源补贴规模的发展方式不可持续。

2.2.2 输电领域

1．特高压交流输电技术

（1）社会制约因素。世界范围内多次发生交流大电网瓦解事故，这些严重的大电网瓦解事故说明采用交流互联的大电网存在着安全稳定、事故连锁反应及大面积停电等风险。在特高压线路出现初期，不能形成主网架，线路负载能力比较低，电源的集中送出带来了较大的稳定性问题，下级电网不能解环运行，导致不能有效降低受端电网短路电流，这些都威胁着电网的安全运行。一旦特高压交流电网失稳发生大面积停电将会造成巨大的社会影响，带来难以估量的负面效应。

（2）经济制约因素。由于特高压线路的安全性必须首先得到保证，即过电压的限制必须得到保证，所以大容量的高压电抗器是特高压线路的必须配置，而功率输送则应做出妥协。因此，大容量的高压电抗器成为限制长距离特高压线路输送能力的一个重要因素。根据理论分析，特高压交流线路较短时（小于 80km），线路输送能力主要受热稳定极限的限制，即最大输送能力可达 10GW；对于中等距离线路（80~300km）来说，主要受无功平衡的限制，输送能力一般可达 3000~5000MW；对于长距离线路（300km 以上）来说，主要受功角稳定的限制，其输送能力一般低于 4GW。输送能力的降低会大大抵消减少线路走廊和变电站占地面积节约的费用，以及提高输电电压降低输送单位容量电能价格带来的好处，从而降低特高压交流输电的经济性。

（3）环境制约因素。随着输电电压的提高、输电容量的增大和公众环保意识的增强，输电工程的环境影响问题越来越受到人们的关注，并成为决定工程设计方案和建设费用的重要因素。为妥善解决特高压输电的环境影响问题，美国、苏联、日本、意大利和我国均曾建立相应的实验研究基地，开展过大量的实验研究工作。

输电工程的环境影响主要包括两个方面：一是工频电场和磁场对人类和植物所产生的生态生理影响，二是电晕放电及其派生效应对环境的影响。对于特高压输电工程来说，重点应为可听噪声和地面电场强度两项。

环境影响的限值选择是一个很重要的问题，因为如果限值取得过高，环保部门难以接受，公众也会抱怨或投诉；若限值取得过低，则线路走廊用地和工程造价都将增大到电力企业难以承受的程度。

2. 特高压直流输电技术

（1）能源结构制约。水能、风能、太阳能等清洁能源属于地域性的自然资源，本身无法直接输送，必须转化为电能并通过电网供应到用户，才能实现清洁能源的大规模利用。我国 80%的水能资源分布在西南部地区；除此以外，风能资源丰富地区除东部沿海以外，主要集中在内蒙古、新疆和甘肃河西走廊以及华北北部；太阳能资源最丰富地区分布在青藏高原、甘肃北部、宁夏北部和新疆南部。我国清洁能源资源的分布特点要求提高电网的远距离大容量输电能力。

在传统特高压直流输电系统的送受端电网，由于小规模、分散、间歇性工作的风电和光伏电源不能为直流逆变站提供稳定可靠的电压支撑，因此需要配置一定数量可提供稳定可靠电压支撑的常规电源。在可再生能源发电出力占比逐步提高的今天，特高压直流输电系统为了维持其稳定可靠的大容量输电能力，对电源中的常规电源成分仍有较强的依赖性，所以未来的输电网架构需要在风力发电、光伏发电大规模送出上有所突破。

（2）环境因素制约。特高压直流输电在特殊接线形式下或跨海输电时常采用大地回线方式，其优点是显而易见的，但可能带来的负面效应也需引起足够的重视。强大的直流电流持续长期流过接地极所表现出的效应可分为电磁效应、热力效应和电化效应三类。

电磁效应：当直流电流经接地极注入大地时，在极址土壤中形成一个恒定的直流电流场，伴随出现大地电位升高、地面跨步电压和接触电势等，且有可能会改变接地极附近大地磁场，对极址附近地下金属管道、铠装电缆和具有接地系统的电气设施产生负面影响。

热力效应：在直流电流作用下，电极温度升高可能将土壤中的水分蒸发掉，使土壤的导电性变差，电极将出现热不稳定，严重时可将土壤烧结成几乎不导电的玻璃状体，电极将丧失运行功能。

电化效应：由于直流电流通过大地时，在电极附近发生氧化还原反应，使得电极、埋在极址附近的地下金属设施和系统接地网上发生电腐蚀。此外电极附近的盐类物质可能被电解形成自由离子，在一定程度上影响电极的运行性能。

3. 柔性直流输电技术及直流电网

（1）经济因素制约。传统的 HVDC 使用基于晶闸管开关的电流源换流器（CSC），由于缺乏可商用的自换相开关（如 GTO，IGBT 等），因此一直到 20 世纪 90 年代初期，电压源换流器（VSC）并未应用于实际的直流输电系统。随着大功率 GTO 和 IGBT 开关的商业化应用，基于 VSC 的 HVDC 输电系统开始出现并不断有新的发展。然而，由于 VSC 和 CSC 相比单位千瓦的投资成本较高，因此 VSC 仅应用于某些不能使用 CSC 的场合，目前各种大功率开关器件参数如表 2-4 所示。

表 2-4　　　　　　　　大功率开关器件的特性比较

	晶闸管	绝缘栅双极型晶体管（IGBT）	门极关断晶闸管（GTO）
最大额定电压（V）	8500	3300	22000
最大额定电流（A）	6250	1500	6000
电压闭锁方式	对称或不对称	不对称	对称或不对称
触发方式	脉冲	电压	电流

受自换相开关器件容量的限制，VSC-HVDC 还不能达到传统 HVDC 的容量。采用目前的大功率 IGBT 开关，VSC 直流输电在电压低于 150kV、容量不超过 300MW 时具有经济上的优势，而在远距离大容量输电领域，传统的 HVDC 仍具有优势。

另外，高压直流断路器的造价很高，单台额定电压和电流为 320kV/2kA 的混合式高压直流断路器造价高达 1 亿～2 亿元。由于电压和容量进一步大幅提升，混合式特高压直流断路器中需要串并联的电子元器件需要大量增加，其造价也随之大幅增加。

（2）产业基础制约。单晶闸管的最大耐受电压为 10～12kV，通态电流为 5000A

左右，目前的晶闸管已经接近这一极限值。国内的晶闸管制造工艺以及电气性能普遍落后于国外。焊接型 IGBT 已得到广泛应用，但其失效开路模式不适合于串联应用，且冷却效果差。

2.2.3　配电及用电领域

1. 电动汽车 V2G 技术

电动汽车 V2G 技术的推广应用是建立在大规模电动汽车被广泛使用的基础上。截至 2022 年底我国机动车保有量达 4.17 亿辆，其中汽车 3.19 亿辆。新能源汽车保有量约 1310 万辆，占汽车总量的 4.1%，成长空间广阔。

（1）经济因素制约。全寿命周期成本是限制电动汽车发展的重要因素之一。电动汽车全寿命周期成本主要由购置成本、使用成本和弃置成本构成。购置成本是指消费者在购买电动汽车时支付的全部成本，主要包括购买的价款、税额、牌照费用等。使用成本主要包括能源成本、维护成本、保险费用、碳排放环境成本。弃置成本主要是指回收报废成本，回收报废成本是指汽车在报废后收回的残值。与同等配置的燃油车相比，虽然纯电动汽车能源成本和维护成本较低，但是因纯电动汽车购置成本高出约 50%，导致纯电动汽车全寿命周期成本较高。此外，虽然纯电动汽车的动力电池回收价值较高，带动汽车弃置成本的提高，但也存在电动汽车报废管理混乱、回收渠道不畅通的问题。

（2）市场因素制约。电动汽车 V2G 领域的商业模式和市场机制仍处于起步阶段。一方面，消费者对于将电动汽车电能反馈电网的意愿并不积极，回馈电网带来的额外收益与频繁充放电对电池寿命的影响还没有形成科学的评估结论；另一方面，电动汽车 V2G 功能宣传力度不够，消费者目前还没有关注到这一新兴领域，消费者的参与意愿和参与数量偏低。

消费习惯也影响着电动汽车产业的发展。目前在汽车消费市场体系还不健全和电动汽车发展未成熟的情况下，消费者更愿意跟随大潮流选择经过市场检验的成熟产品是购买者的普遍心理。不论是电动汽车在市场上占有的份额，还是使用便捷性、经济性、性能口碑，都无法与现有燃油汽车产品相提并论。

充电设施的完善也是影响消费者购买电动汽车以及电动汽车产业化的关键影响因素。大规模电动汽车的充电需求将给现有低压配电设施带来极大压力。电网的分布和供电能力是充电服务网络建设和运营的基础，电动汽车大规模发展后，充电需求将相当可观。例如，某城市的电动汽车保有量超过百万辆后，按每辆车充电功率约 3～4kW 计，日最大充电负荷可达到 3～4GW，相当于特大型城市夏季日最大负荷的 1/4 左右。结合我国城市配电网普遍负载率高、设备冗余不足的现状，必须通过配电网大规模改扩建才可满足电动汽车规模化发展的需要。电网的建设往往投入巨大，且需要占用大量土地、通道资源，考虑到目前发达地区电力通道资源已极其紧张，作为一类全新用电负荷，城市配电网扩容改造限制影响的配套充电设施完善程度是限制电动汽车发展的因素之一。

（3）政策机制制约。具有针对性、系统性的车辆和电网互动战略尚未出台，缺乏国家整体的宏观战略引导，制约了相关企业技术研发，影响了V2G基础设施建设和布局。同时，在V2G领域尚没有统一的标准，不同的通信接口和协议阻碍了电网的统一协调调度，影响车辆与电网的交互。

2. 局域能源互联网技术

局域能源互联网的综合规划不仅是一个多目标优化问题，还需要考虑大量不确定、不精确和不可量化因素的影响，原因在于：①以往各能源系统的单独规划仅着眼于局部利益，而综合能源规划涉及诸多部门，彼此间存在复杂的耦合关系，规划方案在寻求整体目标优化的同时还需兼顾各方不同的利益诉求，须在全局与局部优化间寻找平衡。②在能源互联网中，能源受端存在特性各异且随机变动的不同负荷，能源输入端又存在大量风能、太阳能等间歇性能源，在规划过程中需综合考虑这些广泛存在的不确定性所造成的影响；同时，在进行规划方案优选时，还须综合考虑经济性、安全性、可靠性、灵活性、可持续性、环境友好性等诸多因素的影响，其中很多因素因涉及社会、经济、政策、人文约束而难以量化。③未来能源互联网的投资主体将呈现多元化，可能是政府或用户自身，也可能是独立的综合能源服务商及其组合形式，投资主体的不确定性会导致系统运营模式更为复杂多变，使得能源互联网的运营经济性难以精确考量。多目标协调优化的需要以及大量不确定、不精确和难以量化因素的存在，必将导致能源互联网综合规划工作极其复杂。

中国的用能环境、能源发展现状及所面临的问题都与国外发达国家存在较大差别，在关注世界能源互联网规划研究共性发展的同时，还需考虑中国自身的一些特殊国情。目前已建、在建和拟建的基于清洁能源的局域能源互联网项目，在项目建设及投产运营过程中出现一些政策、运营、管理等方面问题，导致局域能源互联网项目收益难以达到预期，主要存在以下问题：①政策问题。虽然发展局域能源互联网的政策环境存在地区差异，但总体看政策问题仍然突出。在规划方面，许多城市未将局域能源互联网理念纳入相关规划，尤其缺乏综合能源规划的支持，企业难以对未来清洁高效能源市场形成稳定预期，不愿意作出项目投资和技术研发投入的决策；在价格与补贴政策方面，在部分地区缺乏具体针对局域能源互联网项目的供热供冷价格、分布式电源并网政策以及清洁能源补贴等政策，且政策条款大多是原则性的规定，不利于评估局域能源互联网项目经济性；在管理法规方面，局域能源互联网的相关法规体系不健全。②运营问题。局域能源互联网项目的商业运营能力需要提升，有的项目以增加设备冗余满足未来尖峰时段用能需求，导致"大马拉小车"的情况发生，产生一次投入大、能耗高、投资成本难以回收等问题。国内高端装备制造技术不成熟，设备成本居高不下，若能提高设备国产化率，将显著降低项目投资，提高项目经济收益。③管理问题。由于缺乏经验丰富的专业人才队伍，缺乏大量翔实的数据，技术应用实践存在一定的盲目性，导致实际项目出现了电热冷负荷预测不准、机组容量与实际应用场景不匹配、源网荷储不互补等情况。

目前，现阶段 P2G 厂站的投资和运行成本相对较高，从经济性角度阻碍了 P2G 技术的发展和应用。在电力市场化改革的环境下，如何收回 P2G 厂站的投资成本，提升 P2G 技术在电力系统/天然气系统运行中的效益是值得研究的重要问题。

2.2.4 储能领域

1. 经济因素制约

目前，各类储能技术中，抽水蓄能应用最为成熟；锂离子电池储能技术近两年也已得到了推广应用；压缩空气储能技术以及液流电池储能技术正开始商业化应用。

抽水蓄能具有技术成熟、成本低、寿命长、容量大等优点，在不考虑充电成本的前提下，常规抽水蓄能电站的平准化度电成本在 0.23～0.34 元/kWh，但是由于地理资源限制，其应用场景受到制约。

以电池储能技术为代表的新型储能技术发展迅速，特别是锂离子电池和液流电池储能技术在大规模储能方面前景较好。但还需要在电池材料、制造工艺、系统集成及运行维护等技术上开展进一步的技术攻关，同时降低系统制造和运行成本。

2. 商业模式制约

由于各国的电力市场及结构模式不同，抽水蓄能电站的电价机制和运营管理各有不同。如日本采用租赁制和内部核算制来制定电价；英国则专门制订了抽水蓄能机组的竞价模式和电价机制，明确抽水蓄能电站收入包括年度交易的固定收入和竞价交易的电量销售收入，即固定部分和变动部分；美国各州电力体制不同，抽水蓄能电站在各州的运营存在差异，电价机制主要包括：电网统一经营、参与电力市场竞争和租赁制 3 种。我国基本形成了抽水蓄能开发建设和管理的政策体系，现阶段要坚持以两部制电价政策为主体，进一步形成抽水蓄能价格形成机制，以竞争性方式形成电量电价，将容量电价纳入输配电价回收。

近年来，新能源企业不约而同地看好储能产业，纷纷加强研发、积极布局。为了加快项目投资回收，国内企业在商业模式上不断进行新的探索。从储能产业巡回调研结果看，有三类比较典型的商业模式或模式构想：一是工商业储能项目"投资＋运营"的模式，二是在新能源发电领域建设独立储能电站的模式，三是两部制储能电价机制的应用模式，也就是探索类似于抽水蓄能电站两部制电价的形成与结算机制。找到正确的市场方向是所有储能企业必须破解的一道难题。

3. 发展环境制约

在发展规划方面，国家发展改革委、能源局发布《关于推进电力源网荷储一体化和多能互补发展的指导意见》提出通过优化整合本地电源侧、电网侧、负荷侧资源，以先进技术突破和体制机制创新为支撑，探索构建源网荷储高度融合的新型电力系统发展路径，并针对风光储一体化、风光水（储）一体化、风光火（储）一体化提出了具体实施路径；国家发改委、能源局发布《关于加快推动新型储能发展的指导意见》

强调，抽水蓄能和新型储能是支撑新型电力系统的重要技术和基础装备，对推动能源绿色转型、应对极端事件、保障能源安全、促进能源高质量发展、支撑应对气候变化目标实现具有重要意义，并提出到 2025 年实现新型储能从商业化初期向规模化转变，到 2030 年实现新型储能全面市场化发展。

在技术创新方面，《能源技术革命创新行动计划（2016—2030 年）》将先进储能技术创新列为 15 个重点任务之一。国家发改委、能源局发布的《"十四五"新型储能发展实施方案》明确提出加强储能技术创新战略性布局和系统性谋划，积极开展新型储能关键技术研发，采用"揭榜挂帅"机制开展储能新材料、新技术、新装备攻关，加速实现核心技术自主化，推动产学研用各环节有机融合，加快创新成果转化，提升新型储能领域创新能力。

在产业发展方面，国家能源局发布《关于促进我国储能技术与产业发展的指导意见》，提出了鼓励储能直接参与市场交易，探索建立储能容量电费和储能参与容量市场的规则，鼓励各省级政府对符合条件的储能企业，可按规定享受相关税收优惠政策等原则。为落实上述指导意见，加强储能标准化建设工作，发挥标准的规范和引领作用，国家能源局制定了《关于加强储能标准化工作的实施方案》。住建部、国家市场监督管理总局联合发布国家标准《风光储联合发电站设计标准》明确提出，采用平滑功率输出模式时，储能系统配置的额定功率不宜小于风力发电、光伏发电安装总功率的 10%，在额定功率下持续放电时间不宜小于 0.5 小时；采用跟踪计划出力模式时，储能系统配置的额定功率不宜小于风力发电、光伏发电安装总功率的 30%，在额定功率下持续放电时间不宜小于 1 小时。2022 年，国家发改委、能源局发布《关于进一步推动新型储能参与电力市场和调度运用的通知》，进一步明确新型储能市场定位，建立完善相关市场机制、价格机制和运行机制，提升新型储能利用水平，引导行业健康发展。

2.2.5　信息与控制领域

1. 系统保护技术

为了保证消费者的用电可靠性，落实负荷损失责任，国务院于 2011 年 7 月 15 日颁布了《电力安全事故应急处置和调查处理条例》，对于考核事故责任的负荷损失要求较为严苛。精准负荷控制作为系统保护中重要的技术手段，为了确保大电网的安全，通过与大用户签订可中断协议，在严重故障时能精确切除大用户负荷，保证电网的安全。但根据《电力安全事故应急处置和调查处理条例》，精准负荷的切除量受到了限制，在极严重故障下存在切除负荷量不足的风险，一定程度上影响了系统保护的全面推进；同时大用户对供电可靠性要求的提高，使得精准负荷控制在筛选大用户时愈发艰难，需要在大用户对供电可靠性与经济补偿方面找到平衡。事故造成重要电力用户供电中断的，重要电力用户应当按照有关技术要求迅速启动自备应急电源，启动自备应急电源无效的，电网企业应当提供必要的支援。恢复电网运行和电力供应，应当优先保证重要电厂厂用电源、重要输变电设备、电力主干网架的恢复，优先恢复重要电力用户、重要城市、重点地区的电力供应。抽蓄切泵一般采用紧急制动的方案，对抽蓄电厂泵的寿命有一定的影响，因此也需要与抽蓄电厂进行协商。因此，未来系统保护的实施，还需要社会政策、消费者、电网、电厂间找到平衡点，方能全面顺利推进系统保护的建设。

2. 智能电网调度控制系统

源网荷储大量新要素接入电网，传统电网缺乏对新型负荷、不确定新能源的主动管理能力，电网有功平衡难度日益增大。特别是大量分布式资源接入配电网，亟需将现有调控体系的有功无功控制下沉到配电网。

随着电网规模不断扩大，运行方式灵活多变，电网调控业务越来越复杂，调控人员工作强度也越来越大，这对调控业务的自动化、智能化提出了更高的要求。电力调度控制中心是集高价值数据、分析规则、专家经验和计算决策为一体的"指挥大脑"。现行调控方式主要以人工经验分析为主，调度人员需要将海量多样数据、方案模型进行经验知识关联，重复性"人脑劳动"较多，效率较低，因此，实现智能调控，降低调控人员工作强度迫在眉睫。

近年来人工智能技术的不断发展，电网调控领域中深度学习等技术的应用也越来越多。但在调度控制领域中应用深度学习技术时，仅依靠各级电网所提供的调控决策样本难以覆盖所有的电网复杂运行情况，会导致机器学习成功率低下。此外，人工智能技术应用在故障诊断、负荷预测方面输出决策时大部分基于"黑箱模型"，可解释性差，相关性决策在很大程度上难以让经验丰富的调度员参照执行，采纳率低下。电网调度的优化与调整方案的生成和控制决策仍依赖调控人员的知识与经验，强化学习等已经被证明有效和有优势的人工智能技术方法，尚未有效用于电网调度控制策略生成和优化，调控系统与决策的智能性与完备性都有较大的提升空间。

现有调控系统存在业务功能不集中、数据多头不贯通、专业管理有壁垒、系统平台重复建等问题。新型电力系统下，面向分布式新能源装机高速发展、低压并网比重提升的发展格局，营配调各专业均提出应对措施，但大多从自身专业和所建系统出发，难以统筹协调其他专业需求，集中体现在各专业对配电终端尤其是台区低压分布式光伏的实时采集控制需求迫切，但海量信息将导致相应主站和通信压力骤增、安全风险增大，迫切需要打破专业壁垒、统筹各专业发展、制定顶层技术路线。支撑配网调控的数据横跨生产控制大区、管理信息大区，营配调数据不贯通不一致，造成部分数据重复采集、部分数据又存在缺失的问题，相关业务部门提出终端一发多收或前置机分流不同方式，但受安全、管理、通信各方面因素影响，基于营配调全业务的数据采集终端、边缘节点、流量流向规划仍需加强全局统筹协同，加快开展试点验证。

3. 网络信息安全技术

从外部环境看，近年来围绕信息获取、利用和控制的国际竞争日趋激烈，电力行业网络与信息安全形势日益严峻，主要体现在：一是网络黑客组织的协调和攻击能力迅速加强；二是高级持续性威胁（APT）网络攻击的针对性、持续性、隐蔽性空前增强；三是针对电力工控系统特点研发的网络战武器日趋增多。

2015 年 12 月 23 日，乌克兰电网遭受网络攻击发生大面积停电事故为电网信息安全防护敲响了警钟。根据乌克兰官方消息和各方对该事件的分析，普遍认为造成乌克兰停电的原因主要是黑客通过欺骗配电公司员工获取信任、植入木马、后门连接等方式，绕过机制认证，进而对三个变电站的控制系统发起网络攻击，从而造成大面积停电。通过对乌克兰停电事件的分析，确定为一起有预谋有组织的网络攻击行为，并且其攻击者不仅包括那些黑客，而且可能包括熟悉电力业务的人员。

2019 年 3 月美国犹他州可再生能源电力公司遭到黑客攻击，导致该电力企业的控制中心和其各个站点的现场设备之间的通信中断。同年 7 月，南非约翰内斯堡 City Power 电力公司遭到勒索软件攻击，导致其官网瘫痪数周。2020 年 4 月葡萄牙跨国能源公司 EDP 遭到勒索软件攻击，同年 6 月巴西电力公司 Light S.A 同样遭到勒索软件攻击。上述电力系统事件均表明，网络攻击已成为新型武器，网络攻击者熟悉被攻击系统及网络结构，敌对势力利用网络攻击成功破坏电力等国家关键基础设施已成为现实。据有关机构统计，国际上针对工控系统的攻击数量年均翻番，网络安全形势不容乐观。

信息安全问题的根源在于网络和信息技术的底层，我国网络和通信协议、基础信息技术产品（操作系统、芯片和网络基础设施等）和密码技术仍受制于西方发达国家，我国仍处于"跟随者"角色。西方国家制造技术壁垒，限制了新技术的发展、应用和市场化。

网络空间安全主要依靠态势感知、网络攻击、网络防御等关键技术，目前我国在部分技术上还存在缺项，尚未形成技术体系。在网络攻击方面，我国尚未形成具有威慑力的网络武器，而美、俄、印、英、日等国家都将病毒武器列入作战武器名单，在网络空间具备威慑力。在网络防御方面，我国整体实力仍较薄弱，虽然国内信息安全企业在部分领域取得了突破，在低端网络安全产品方面占据了一定优势，但在高端网络安全产品和服务方面仍无法打破国外企业的垄断。在态势感知方面，国家层面的态势感知平台等仍未建立，技术能力与国外有较大差距，"棱镜门"等事件中对我国的网络攻击事件，均不是由我国自主发现。

电动汽车、可穿戴设备、机器人等电力新业务的网络通道多样性与协议脆弱性并存，网络通道层面临新的安全风险。人工智能、区块链等新技术还在不断发展完善，基于此的信息安全技术和这些新技术自身的安全还未形成核心技术理念和共识。国内电厂的生产控制系统大部分采用国外产品，部分国外厂商设备在测试中发现了高危漏洞甚至后门，核心技术受制于人的局面仍未改观。

3

发电领域新技术发展研究

20 世纪末以来，一场新能源革命在世界范围悄然兴起。可再生能源逐步替代化石能源，可再生能源和核能等清洁能源在一次能源生产和消费中占更大份额。推动"两个替代"，形成以清洁能源为主导、以电为中心的能源格局，决定了发电技术在未来能源发展中的关键性作用。发电技术的核心是不断提高清洁能源的开发效率和经济性，重点领域包括风力发电、太阳能发电及分布式电源技术等。本章立足发电领域，从规模化新能源发电技术和分布式新能源发电技术两个方面，分析其发展的技术经济前景以及对电力系统发展的影响。

3.1 规模化新能源发电技术

3.1.1 技术发展前景

1. 风力发电

全球风力发电技术得到快速发展，大型风电机组研制技术日趋成熟，单机容量不断提升。据中国可再生能源学会风能专业委员会（CWEA）统计，2021 年国内新增装机的平均单机容量为 3.5MW，同比增长 31.7%，其中，陆上风机平均单机容量为 3.1MW，海上风机平均单机容量为 5.6MW。2022 年中国陆上风电主流招标机型平均容量达 5~6MW，海上风电机组平均容量达 8~10MW。

风力发电技术需要在风电机组与电网兼容协调性方面取得突破。一方面采用永磁同步电机与全功率变换器结合的风机模式，这种模式中永磁同步电机输出的发电功率是变化的，但通过全功率变流器 AC-DC-AC 的变换过程，实现了发电机频率与电网频率彼此独立，避免了同步电机的失步问题，输入电网的电能质量较高。另外，因发电机与电网之间是隔离的，故电网电压的跌落不会直接作用在发电机的定子上，不会直接影响发电机的运行。另一方面可改善风电机组与电网兼容协调性的措施是精准风功率预测，空间分辨率更高、时间间隔更小、精度适应性更强的风功率预测技术将为供需双向动态匹配奠定基础。

同时，随着风力发电产业的发展，人们逐渐认识到风电对环境的不利影响，例如视觉污染、噪声、干扰鸟类迁徙路线、电磁干扰、植被破坏和水土流失、海上风电改变水生生物生存环境等。国外已经采取措施应对这些不利影响，例如尽量建设远海风电等，我国在控制风电不利影响方面还没有采取有力措施。未来发展远海和偏远地区风电、降低噪声、降低风电建设对生态的影响等需求将推动风电技术的发展。

2. 太阳能光伏发电

太阳能发电技术发展任重道远，提高效率、降低成本是关键。晶体硅电池发展趋势是转换效率逐渐逼近理论极限；2021年我国光伏实现了平价上网，随着光伏产业链各环节价格下降，光伏应用成为实现双碳目标的主力军。相对于晶体硅电池，轻巧的薄膜电池是未来太阳能电池技术的重点发展方向之一。薄膜技术可以"混搭"多种元素，比传统太阳能板薄350倍左右，且可以附着在各种材料表面。目前的电池技术受到原材料来源、电池结构或工艺的限制，影响其转换效率的提高和成本大幅度降低。

随着光伏电站的大规模扩建，优质的电站建设土地资源出现稀缺，电站综合收益需要提高，光伏电站出现与第一产业融合的趋势。例如，人造太阳多层高密度无土种植工厂，采用新型节能光源促进植物光合作用，采用多层叠加的立体植物提高土地的利用效率。再如光伏农业科技大棚，棚顶安装光伏电池或集热器，柔性透光，适合于某些农作物和经济作物生长，也能实现工业化和土地的高效产出。光伏与尾矿治理、废弃的采矿塌陷区循环经济建设或生态综合治理相结合，使得废弃土地得以实现生态环境的修复。光伏与传统水处理市政设施相结合，通过光伏水务模式，能够有效降低水处理成本和单位水处理的碳排放。

随着电站类型日益多样化，对系统设计提出了更高的挑战。大型地面电站仍将保持较大的市场份额；随着政策不断完善，屋顶等分布式电站将快速发展；农光互补、渔光互补、漂浮式光伏等新型应用将增多。

随着技术进步，光伏发电的电网适应性不断增强。漏电流保护、动态无功补偿功能、低电压穿越、直流分量保护、绝缘阻抗检测保护、电势诱导衰减防护、防雷保护、正负反接保护等功能不断完善，使得系统更加安全可靠且对电网的适应能力进一步增强。随着沿海、沙漠、高原等各种恶劣环境下的光伏电站应用增多，逆变器的抗腐蚀性、抗风沙等环境适应性能不断提高，以确保恶劣环境下的高可靠性。

3.1.2 技术经济展望

1. 大规模风力和太阳能光伏发电

影响风力发电成本的因素有很多，主要有风能资源条件、风电场所在地区的建设条件、风电机组技术和成本、风电场运行管理技术和成本等。近年来，我国风电全产业链逐步实现国产化，设备技术水平和可靠性不断提高，风电场造价总体呈现逐年下降趋势。陆上风电项目已步入完全平价时代，未来将由低价竞争向价格、产品稳定性、全寿命周期服务等综合力竞争转变；海上风电面临平价压力，价格仍有下降空间。风机大型化是降低风电度电成本的主要方式，其实现成本降低的路径主要是摊薄各项成本和提升发电效率。据 IRENA 收集的成本数据显示，2021 年，全球新增陆上风电项目的加权平均平准化度电成本降至 0.033 美元/kWh，同比下降 15%；新增海上风电项目的加权平均平准化度电成本降至 0.075 美元/kWh，同比下降 13%。

光伏发电系统投资由组件、逆变器、支架、电缆等主要设备成本，以及土建、安装工程、项目设计、工程验收和前期相关费用等部分构成。虽然电缆、建安等投资下降空间不大，但随着光伏发电的技术进步、产业升级和市场规模扩大，组件、逆变器等设备成本仍有一定下降空间。光伏发电电池技术研发将保持活跃，提高转换效率及降低制造成本仍是未来主要发展方向。除此之外，随着部件技术的进步、新型集成技术的出现，光伏发电成本会保持下降趋势。据 IRENA 收集的成本数据显示，2021 年，全球新增太阳能光伏发电项目的加权平均平准化度电成本降至 0.048 美元/kWh，同比下降 13%。

新能源发电补贴取消后，平价项目开发和运营的经济性将主要受当地燃煤标杆上网电价或一般工商业电价对标的电价空间，以及本体发电成本、发电利用小时数和非技术性成本的影响。①风电场、光伏电站等集中式新能源电站按照当地脱硫燃煤标杆上网电价结算电费，因此，需要按照不高于当地脱硫燃煤标杆上网电价测算新能源电站的经济性。②新能源项目的发电成本主要是初始投资成本和运维成本。初始投资成本包括新能源项目的设备造价、建设成本、财务成本、设计及其他杂项、其他费用等。其中设备造价是最主要的部分，约占初始投资成本的一半以上。陆上风电风机的造价成本占比达到 64%，其次是风场基建成本，占比为 16%，并网成本占到 11%左右。海上风电略有不同，海上风机造价占比为 51%，但基建成本占到了 27%，主要是海上风电建设条件相比陆上风电更复杂，相应建设成本要高。运维成本体现为新能源电站建成后的日常运行维护成本，主要包括常规检修费用、故障维修费、备品备件购置费、保险费以及相关人工管理费用 5 个方面，运行维护成本一般约占总投资的 5%～15%。③发电利用小时数与新能源发电量密切相关，利用小时数越高，新能源发电项目的发电量越多，项目最终受益水平也越高。实际发电利用小时数还受到调度运行的约束，由于部分地区存在运行限电情况，新能源实际年发电小时数将低于资源条件对应的理论发电利用小时数。④非技术性成本是影响新能源项目收益率的重要因素，主要体现为除初始投资成本、运维成本之外征收的其他附加费用，包括土地税费、其他费用等。土地税费是指项目开发需要占用土地面积，目前地方政府对土地征用向项目业主收取一定的土地使用税。平价上网政策要求逐步取消土地使用税费，将进一步提高项目的收益率水平。其他费用指包括资源出让、股权、收益分摊等费用。

目前，随着新能源标杆电价逐步下调、平价上网、竞争性配置项目等一系列政策措施的陆续出台，标志着中国风电、光伏发电开始进入到平价上网时代，意味着此前在强补贴刺激下新能源高速发展的模式要发生根本性的转变，由此带来新能源发展模式的变化将对新能源开发布局、运行消纳等方面产生与之前不同的影响和特点。

从发展规模来看，规模化开发仍将是平价上网时代新能源发展的主要特征。当前中国正处在工业化城镇化发展的关键阶段，能源需求刚性增长，保障能源供给面临突出的结构性矛盾，主要体现为"三高"，即化石能源占比高、油气对外依存度高、单位产值能耗高。要破解"三高"难题、保障能源安全，必须大力发展新能源，提高电气化水平。短期来看，平价上网政策可能对新能源项目开发形成一定压力；但长期来看，随着新能源成本进一步下降，未来中国新能源还将大规模发展，预计到 2050 年新能源装机占比超过 60%。

从开发布局来看，平价上网政策有利于进一步优化新能源开发布局。一是"三北"地区大部分省份风电在平价条件下内部收益率均大于 8%，在风电消纳持续改善的作用下，未来风电项目呈现出向"三北"地区回流趋势的可能性加大，中东部地区分散式风电加快发展还需要价格政策扶持；二是"三北"地区和中东部及南方地区，大部分省份光伏发电在平价条件下内部收益率均大于 8%，在光伏发电成本进一步下降的驱动下，未来光伏发电项目开发仍然延续集中式和分布式相结合的开发方式。

从运行消纳来看，在政府、企业、用户的共同努力下，新能源消纳总体上仍将保持较高水平，利用率将达到 95% 以上。但是需要关注局部地区可能出现的消纳问题。近年来，风电新增装机呈现向中东部地区加快转移的趋势。

从市场机制来看，平价上网政策为新能源与常规能源电源平等参与市场竞争创造了条件，有利于新能源全面参与市场交易。平价上网将推动新能源摆脱依靠补贴的发展方式，通过市场机制作用发挥，科学引导不同类型新能源开发和布局，解决新能源消纳矛盾，真正使市场在新能源资源配置中起到决定性作用。在平价上网政策的驱动下，我国新能源发电将迈入高质量发展阶段。随着风电、光伏发电等新能源发电技术的提升，新能源发电电能质量、装机规模、装机范围逐步提高，并进一步降低发电成本，具备与常规电源相当的市场竞争力。

未来随着储能技术不断成熟应用，配套大规模储能将显著改善新能源发电出力特性，新能源将成为可观、可测、可控的电力系统友好型电源，在保障电网安全稳定运行方面发挥重要作用。随着我国电力现货市场深入推进，新能源依靠边际成本低的优势将大量优先上网，替代常规电源承担电力系统基荷供应。因此，在平价上网政策、储能技术、现货市场等因素的共同推动下，新能源有望实现从补充电源到替代电源并最终成为电力系统主导电源的跨越式发展。

2. 光热发电（CSP）

光热发电技术的建设成本、发电成本主要由技术类型、项目所在地的直射阳光资源水平、劳动力和土地成本、储热系统和集热厂的规模所决定。建设在高直射阳光地区、不带储热系统的槽式 CSP 电站项目位于该成本区间的低端，而建在直射阳光条件相对较差地区、配备大容量储热系统的项目则位于成本区间的高端。

四种光热发电技术成本对比如表 3-1 所示。光热发电技术相对较高的建设成本与发电成本阻碍了其大规模发展的进程，其成本下降途径主要依赖于规模化生产和提高能量转换效率，其中塔式热发电技术具有较高的成本下降潜力，而槽式热发电技术的下降潜力相对有限。

表 3-1   四种光热发电技术成本对比

技术类型	占地面积	建设投资（元/W）	发电成本（元/kWh）
槽式	大	25（6小时储能）	1.0～1.8
塔式	中	14（不含储能）	0.5～1.1
菲涅尔式	中	40（不含储能）	1.9
碟式	小	30（不含储能）	1.7

光热发电电站的成本下降途径主要包括两方面：规模化生产和提高能量转化效率。研究表明，当一座槽式电站的规模从 50MW 提高到 100MW 时，其单位功率的建造成本将下降 12%；提高到 200MW 时则能有 20%的下降。电站的规模每增加一倍，与发电机组、电站配套设施、电网接入相关的单位功率投资将能下降 20%～25%。技术提供商之间竞争的加剧、相关组件的大批量生产、更易获得的信贷资金，也都将成为驱动 CSP 电站建设成本下降的重要因素。提高热循环的工作温度是提升系统能量转化效率最有效的手段，因为越高的温度产生的蒸汽质量也越高，后端涡轮发电机的效率也将越高，而越高的能量转化效率就意味着越低的系统造价和发电成本。以融盐取代目前槽式 CSP 电站所用的合成油作为导热介质是提高系统工作温度的理想手段，相对合成油 400℃的工作温度，融盐的工作温度可以达到 550℃以上，效率的提高将是非常可观的。

根据国际能源署（IEA）的预测，光热发电技术成本将持续下降，考虑到上述多种成本下降因素，目前不含储热的光热发电站建设成本约为 3000 美元/kW，含有 6 小时储热的光热发电站的建设成本约为 5000 美元/kW。到 2030 年左右，上述成本将有望降低至 2000 美元/kW 和 4000 美元/kW。相应的，在太阳能资源较为丰富的地区，对于含有储热的平均发电成本在"十四五"末降至 85～115 美元/MWh。

3.1.3 对电力系统发展的影响

国务院发布的《关于印发 2030 年前碳达峰行动方案》提出全面推进风电、太阳能发电大规模开发和高质量发展，坚持集中式与分布式并举，加快建设风电和光伏发电基地。加快智能光伏产业创新升级和特色应用，创新"光伏＋"模式，推进光伏发电多元布局。坚持陆海并重，推动风电协调快速发展，完善海上风电产业链，鼓励建设海上风电基地。积极发展太阳能光热发电，推动建立光热发电与光伏发电、风电互补调节的风光热综合可再生能源发电基地。到 2030 年，实现风电、太阳能发电总装机容量达到 1200GW 以上，非化石能源消费比重达到 25%左右。国家电网提出到 2050 年能源发展实现"两个 50%"的目标，即能源清洁化率（非化石能源占一次能源的比重）

达到 50%和终端电气化率（电能占终端能源消费的比重）达到 50%。

从风电规模发展来说，我国风能资源丰富，陆地 80m 高度 3 级以上（多年平均有效风功率密度大于等于 300W/m² ）风能资源技术可开发量 3500GW，近海水深 5～25m 范围内风能资源潜在技术开发量为 190GW，我国东中部和南方地区分散式风电 80m 高的资源开发潜力为 196GW。我国将按照集中开发与分散开发并举、就近消纳为主的原则优化风电布局，调整"三北"消纳困难地区风电建设节奏，加快中东部及南方等消纳能力较强地区的风电开发力度，积极稳妥推进海上风电开发，中远期将继续推动"三北"地区大型风电基地建设。

我国太阳能资源丰富，大部分地区太阳能年辐射量高于 1000kWh/m²，具备开发利用的资源条件，其中西藏、青海、新疆、甘肃、宁夏、内蒙古西部、河北北部等西部和北部地区超过 1400kWh/m²，资源条件更优越。我国将统筹开发与市场消纳，有序开发太阳能发电，近期按照分散开发、就近消纳为主的原则布局光伏电站，全面推进分布式光伏，积极推进光热发电，中远期将继续推动"三北"太阳能发电基地建设。

新能源的持续快速发展，对电网的安全稳定运行提出了新的挑战：一是伴随新能源大规模开发、远距离直流输送，送受端电网的有效转动惯量均明显下降；二是新能源出力的不确定性与负荷波动叠加，使得电网日最大峰谷差逐渐加大；三是随着新能源渗透率的持续攀升，系统灵活性资源不匹配程度增加；四是电网特性发生重大变化，稳定机理更加复杂，出现宽频带振荡问题。面对这些挑战，一方面根据电网承受能力合理制定新能源发展规划，使得交流系统的规模和网架结构满足新能源增长的需求，另一方面提升新能源机组的友好接入技术，配合储能或灵活性调节资源改善其调频调压能力，从而促进新能源与电网协调发展。

3.2　分布式新能源发电技术

3.2.1　技术发展前景

随着热电冷多联供技术和风电、太阳能等新能源发电技术的不断发展，分布式发电向多能源互补、能源互联网、综合能源系统等方向发展，分布式电源装机容量逐渐增大，预计 2035 年达到 450GW。分布式发电技术的发展可实现以下功能：

1. 满足与电网联系薄弱、供电能力不足的偏远地区电力需求

我国幅员辽阔，对于经济欠发达的农牧地区、偏远山区及海岛等地区，与大电网联系薄弱，大电网供电投资规模大、供电能力不足且可靠性较低，在部分地区大电网甚至难以覆盖，要形成一定规模的、强大的集中式供配电网需要巨额投资，且因电量较小，所以整体很不经济。而在这些地区，因地制宜发展小风力发电、太阳能发电等分布式发电技术，则可弥补大电网集中式供电的局限性，解决这些地区的无电问题。

2. 提升电网可再生能源渗透率，实现可持续化发展

分布式电源可充分利用各种可再生能源，有效提高能源利用效率，有利于改善我国能源结构，实现能源低碳转型发展，同时可提高我国能源供应的多样性，在一定程度上降低对石油进口的依赖度，降低能源供给的潜在风险。

3. 作为传统大电网、大机组的有益补充

我国能源资源条件、社会经济发展、电力工业发展任务等国情决定了我国未来一段时间内仍应发挥大电网作为大范围能源优化配置平台的作用。解决我国能源和电力供应问题，分布式电源将作为传统大电网、大机组的有益补充。

4. 驱动大电网向更加智能方向发展

分布式电源大量接入将导致电网潮流双向流动，进而出现本地分布式电源发电频繁向主网送电情况。分布式电源改变了传统电力输送模式，必然要求主网网架结构更加坚强、功能更加完善，能够应对分布式电源大量接入的安全稳定的影响，还进一步要求主网与配电网建立起更加紧密的联系，将分布式电源纳入主网监控范围内，在全网范围内配置分布式电源。

5. 提高灾害多发地区供电备用，提高供电可靠性

在灾害多发地区的负荷中心建立分布式发电电源，可以提高供电备用，有利于故障后黑启动。首先，作为大电网的一种补充形式，在特殊情况下，分布式电源可作为备用电源向受端电网提供支撑。其次，分布式电源可以独立运行，可以迅速与大电网解列形成"孤网"，从而保证重要用户的不间断供电。此外在自然灾害多发地区，通过组建不同形式不同规模的分布式电源，能够在发生灾害后迅速就地恢复对重要负荷的供电，具有"黑启动"的能力。

3.2.2 技术经济展望

2014～2018年，中国分布式光伏装机容量增长较快，尤其是2017年，分布式光伏增幅达184.7%。其原因一是采用自发自用模式，在满足自身需求情况下，再实行余电上网，分布式光伏发电补贴的下降对其影响不大，收益总体较高；二是分布式光伏发电也不受地面电站指标的限制。2017年，国家发改委和能源局联合发布《关于开展分布式发电市场化交易试点的通知》等多个文件，正式启动分布式发电市场化交易试点建设。2017年底，国家发展改革委发布了《国家发展和改革委员会关于全面深化价格机制改革的意见》，提出要完善可再生能源价格机制，根据技术进步和市场供求，实施光伏等新能源标杆上网电价退坡机制。2018年，国家发改委、财政部、国家能源局联合发布了《关于2018年光伏发电有关事项的通知》（发改能源〔2018〕823号），特别强调合理把握发展节奏，优化光伏发电新增建设规模，同时加快光伏发电补贴退坡，降低补贴强度，并发挥市场配置资源的决定性作用，进一步加大市场化配置项目力度。2019年4月，国家发改委会价格司发布了2019年光伏电价政策，集中式电站标杆上网电价改为指导价，Ⅰ类、Ⅱ类、Ⅲ类地区电价分别为0.4、0.45、0.55元/kWh。工商业分布式光伏，"自发自用，余电上网"的项目按全电量 0.1 元补贴，全额上网项目上网电价则按照所在资源区集中式电站指导电价管理。2021 年我国分布式光伏累计装机容量为 107.5GW，同比增长 59%，约占太阳能发电总装机的 35%。随着平价上网的逐步实现，分布式光伏的盈利能力将回归至发电成本与经济效益层面上来。分布式光伏发电成本主要包括建设投资、流动资金、运营成本。而影响分布式光伏发电收入的因素有装机容量、年有效利用小时数、组件每年的衰减率、自用电价、标杆电价等。目前，分布式光伏发电项目的发电成本相比于光伏电站高 10%～20%。从发展趋势来看，受光伏发电主要部件价格快速下降的影响，预计未来光伏发电初始投资将大幅下降；人力资源和屋顶资源成本的提升将使运行成本相应提升。

2009 年，我国提出了分散式风电概念。2011 年，国家能源局印发开发建设指导性文件，促进分散式风能资源合理开发利用，启动分散式风电示范项目 18 个。但受制于低风速风机成本高、项目选址和土地政策、审批手续复杂等多方面的因素，分散式风电发展缓慢。2017 年，国家能源局出台相关文件加快分散式风电发展，要求各省制定"十三五"分散式风电发展方案，并明确分散式风电项目不受年度指导规模的限制，鼓励建设部分和全部电量自发自用以及在微电网内就地平衡的分散式风电项目，并要求电网公司对于规模内的项目应及时确保项目接入电网。多个省（自治区、直辖市）也陆续发布了地方性政策和规划。在多个地方规划出台的同时，2018 年也有很多分散式风电项目陆续开工建设并进入并网阶段。2021 年，我国分散式风电新增装机容量 8GW，同比大幅增长 702%。风力发电项目的成本中，初始静态投资的设备、建设成本、运营费用中的设备运行维护和场地租赁成本所占比重较大。总发电量也是影响度电成本的重要因素，风力发电系统可通过改善运行方式、加大扫风面积、提升塔架高度等方式提升机组和风场的发电效率。分散式风电项目度电成本要高于大型风电场，根据我国中东部及南方地区风能资源、建设条件、机组价格和运行管理水平等条件测算，分散式风电发电成本在 0.5～0.6 元/kWh。通过技术创新和智能化应用带来的风电整体效率的提升，将为分散式风力发电的成本提供一定下降空间，然而由于人力资源成本和原材料价格等持续呈现上涨趋势，分散式风力发电成本相对稳定，下降空间有限。

随着技术的进步，预计"十四五"期间，分布式发电余电实现平价上网。平价上网后由于没有额外补贴，分布式发电需要综合考虑当地脱硫燃煤标杆上网和工商业电价等测算经济性。分布式天然气发电、分布式光伏、分散式风电和分布式生物质燃气发电完全商品化，并逐步形成成熟的分布式电源商业运营模式。

3.2.3 对电力系统发展的影响

目前，分布式发电模式主要应用于配电网，分布式电源在接入配电网后会对配电网的继电保护、电压、自动装置、网损等方面产生很大影响。

分布式电源在接入配电网后，容易导致配电网继电保护装置无法正常运行，使得配电网无法安全稳定运行。分布式电源接入对配电网继电保护的影响主要包括以下几点内容：第一，降低配电网继电保护装置的灵敏度。分布式电源在接入配电网后，会改变原本的配电网结构，流过继电器的电流可能会在分布式电源产生的故障电流影响下减小，导致配电网继电保护装置灵敏度的降低，甚至无法及时启动速断保护，继电保护装置出现拒动的故障问题。第二，导致配电网的继电保护装置出现误动作。分布式电源所在的线路很容易受到相邻馈线故障的影响而出现问题，最终导致配电网继电保护装置出现误动作。如果接入配电网的分布式电源容量较大的话，往往会导致配电网中的故障电流出现大幅度变化，使得配电网的故障问题变得更加严重，更加难以解决。第三，扩大配电网事故的停电范围。在配电网发生故障问题跳闸时如果没有及时将分布式电源从配电网中切除，往往会造成非同期重合闸，进而使得配电网的继电保护装置出现误动作，并扩大配电网事故引发的停电范围。

将分布式电源接入到配电网，可能会导致稳态电压的分布规律出现变化，比如在以异步发电机为主的风电场并网运行过程中会导致系统无功的变化，最终对整个系统的电压产生影响。分布式电源发电机如果随意启停，或者功率随意变化，往往会导致潮流分布、大小发生改变，配电网的变压器不具备调压功能，因此配电网无法有效应对这种由于潮流变化而引起的电压变化，很容易导致电压出现较大的波动。目前，分布式发电系统通常不参与配电网的电压控制。分布式发电系统也可替代一部分配电网容量。但是，分布式发电尚无法代替辐射状馈线，因为孤岛运行是不允许的，且为了充分利用独立运行的可再生能源发电，还需对电网进行扩展。目前大部分高压配电线路采用成对配置或环网配置，所以分布式发电系统可降低对配电设施的需求。

分布式电源接入对配电网自动装置也产生较大影响，主要是自动重合闸和备自投动作两个部分。对自动重合闸的影响分析如下：配电网在接入分布式电源后，故障点就主要依靠分布式电源来进行供电，故障点的电弧很容易重燃，导致线路被击穿，一些瞬时故障很容易变得更加严重，演变成永久性的故障。重合闸的线路一直有电压存在，进而导致重合闸无法正常启动，对分布式电源造成严重的破坏。对备自投的影响分析如下：分布式电源接入配电网后，母线一直有电压存在，而备自投动作是需要在无电流、无电压的情况下进行的，这就导致配电网的备自投装置无法顺利启动，最终会大大降低配电网供电的可靠性。在接入分布式电源后，工作人员应当及时安装低频低压解列装置，确保能够在自动重合闸、备自投动作开始前解除掉分布式电源。

配电网在接入了分布式电源后，实际的网损不仅会受到线路负荷的影响，还会受到分布式电源容量、网络拓扑结构等因素的影响，使得工作人员难以有效计算出配电网的实际网损。配电网接入分布式电源后，其配电系统将会和用户进行密切联系，形成一种多电源的弱环网络，配电网自身的潮流分布也会出现极大变化，电流的流向变得没有规律可循，方向、大小都难以得到有效的预测，也会导致配电网的实际网损出现极大改变。

除了上述分布式发电对配电网的影响外，分布式发电系统较难提供一般电力系统所需的其他辅助服务。一方面原因在于分布式发电系统增加了发电调度对精确预测用户用电需求的不确定性，分布式发电系统输出功率必须能够置换集中式发电相同功率的输出，以维持整体负荷/发电的功率平衡，因此可能需要增加备用电源。另一方面原因是分布式发电目前的运营和激励机制依然受行政及商业环境限制。

在部分国家，分布式发电及可再生能源发电的渗透已经开始引发电力系统的运行问题，这在丹麦、德国、西班牙等分布式发电及可再生能源发电渗透率较高的国家已有相应报道。至今为止，人们依然在强调将分布式发电并网，以加快各种形式分布式能源的发展，却忽略了将其纳入电力系统的整体运行。因此，分布式发电系统必须承担一部分传统大型发电厂的责任，为保障系统安全运行提供必要的灵活性和可控性。分布式发电系统的接入使得配电系统运营商发展主动配电网来共同保障系统的安全，以此体现了从传统集中控制到分布式控制模式的转变。通过将分布式发电和可控负荷充分纳入电网运行，可为系统提供一些原来由集中式发电提供的辅助服务。此时，分布式能源将不仅具备集中式发电的作用，还兼具其控制能力，减少了运行维护所需的备用容量。为了实现这一目标，配电网的实际运行将从被动变为主动，需要将现有的控制模式转变为新的分布式控制模式（包括需求侧管理），从而提高系统的控制能力。

4

输电领域新技术发展研究

特高压交直流技术是推动大电网互联互通，实现资源在大范围内的优化配置的重要输电技术。柔性直流输电技术在多端化、网络化等方面更具优势，可用于构建直流输配电网络。本章以特高压交直流输电技术和柔性直流输电技术发展研究为重点，分析其发展的技术经济前景以及对电力系统发展的影响。

4.1 特高压交直流输电技术

4.1.1 技术发展前景

1000kV 特高压交流输电工程已经在中国成功运行，该技术在大规模能源基地远距离输电场景及跨大区骨干电网构建方面发挥巨大优势。根据电网运行的需求，特高压交流输电技术将向节约走廊、低损耗、环境友好、智能化等趋势发展。特高压交流紧凑型同杆并架技术和可控串补技术可应用于输电走廊紧张和土地资源有限的地区；利用适用于极端天气的特高压变压器、GIS 和互感器等应用技术，解决特高压交流输电技术在面临不同地域环境等条件下的适应性问题。

目前，我国已投运特高压直流工程最高电压等级为 ±1100kV，其主要应用场景为大容量和远距离的电力输送。

4.1.2 技术经济展望

1. 特高压交流技术

特高压工程投资包括线路投资和变电投资。线路工程主要材料价格受市场价格波动和线路走廊建设条件的影响，不具有明显的规律性。线路工程投资考虑地区差异后，"十二五""十三五"造价水平略呈上升趋势。

变电工程设备材料价格受社会经济发展水平、市场供需以及生产成熟程度等条件的影响。1000kV 特高压工程在设备研制初期投入较大，且不具备规模化生产条件，设备价格较高，导致工程造价较高。随着技术的成熟和规模化生产，设备造价已逐步下降，预计成熟期交流特高压变电工程投资将会降低约 11%～12%。

　　根据特高压设备价格趋势研究，1000kV 特高压主变压器、GIS、高压并联电抗器在成熟期的价格较应用初期将分别下降 25%、30%～45%、17%，如表 4-1 所示。结合这些设备在变电站建设中的投资占比，交流工程新型设备购置费在成熟期将下降 30%。

表 4-1　　　　　　　　交流变电工程主要设备到成熟期时价格下降比例

电压等级	主要设备	成熟期价格下降百分比
1000kV	主变压器	25%
	GIS	30%～45%
	高压并联电抗器	17%

　　特高压交流工程项目的综合效益主要体现在以下几个方面：

　　（1）提高自主创新能力。以建设特高压网架为契机，通过科技进步和自主创新推动电力工业的技术升级，实现电网的集约化发展，带动相关产业发展，是电力工业落实创新驱动发展战略的重大举措。与此同时，抓住我国电网快速发展的有利时机，依托特高压输电这一重大项目，通过组织技术攻关，实施试验示范工程，对部分关键技术采用技术引进、消化完善，形成产业规模，将显著提升我国输电装备制造业的自主创新能力，从而提高国际竞争力。

　　（2）提高土地资源的集约利用程度。近年来，站址、输电走廊越来越紧张，输变电工程建设拆迁等本体建设以外的费用大幅增长。1 条交流 1000kV 特高压线路的传输功率相当于 4～5 条交流 500kV 超高压线路的传输能力，从土地资源的利用效率来看，特高压线路单位走廊输电能力约为 500kV 线路的 3 倍，可显著地减少输电走廊占地，节约宝贵的土地资源。此外，在西部地区建设大规模煤电基地，可以利用西部较为丰富的土地资源，替代东部紧张的土地资源，实现在全国范围内产业布局优化，提高土地资源的集约利用程度。

　　（3）有利于资源的集约化开发和利用。目前，我国煤炭资源采出率低，煤质差，煤炭入洗率有待提高；同时还存在着煤炭产业集中度低、产业链短等问题。建设特高压网架有利于解决煤炭行业目前存在的问题，首先是在褐煤资源丰富的地区，采取煤电一体化的方式，可有效利用褐煤资源；其次是为大型煤电基地的发展提供必需的支撑。

　　建设特高压网架可以将我国西南地区的水电、"三北"地区和东部沿海的风电、西部和北部的沙漠戈壁等偏远地区的集中式光伏发电等清洁能源输送到东中部、东南部负荷中心，实现"电从远方来，来的是清洁电"。

　　（4）减轻铁路运输压力，有效缓解煤电运输紧张的局面。电网是能源输送的空中运输网络，铁路是交通运输的地面网络，二者在空间上存在互补性。"十四五"期间，预计通过特高压网架输送的火电总容量为 150GW，每年可减少煤炭运输2.5 亿 t。

2. 特高压直流技术

特高压直流输电技术将向强适应性、高可靠性、设备低成本等趋势发展。通过研制特高压直流电缆，能够适应海上新能源外送并改善地面视觉污染状况；研制特高压直流可控避雷器，可降低特高压直流输电系统的操作过电压水平，从而进一步降低直流设备制造难度和造价；利用适用于极端环境的大容量套管和换流变压器等设备，可解决特高压交流输电技术在面临不同地域环境等条件下的适应性问题。

与特高压交流技术类似，在设备研制初期，其造价较高，随着技术成熟和规模化生产，设备造价逐步降低。特高压直流换流变压器、换流阀、平波电抗器在成熟期的价格较应用初期将分别下降25%、16%、30%，如表4-2所示。

表 4-2　　　　　　直流变电工程主要设备到成熟期时价格下降比例

电压等级	主要设备	成熟期价格下降百分比
±800kV	换流变压器	25%
	换流阀	16%
	平波电抗器	30%

特高压直流工程中，换流变压器、换流阀、平波电抗器约占换流站建设总投资的70%。经测算，考虑上述三种设备的造价降低，成熟期特高压直流换流站工程投资将会降低约17%。

特高压直流工程的综合效益主要表现在以下几个方面：

（1）经济与社会效益显著。我国的能源供应与经济发展之间的矛盾突出。发展大容量、远距离、高效率的输电技术是我国电力能源跨区域大范围优化配置的必然选择。±800kV直流工程的输送容量是±500kV直流工程的2～3倍，经济输送距离提高到2～2.5倍，运行可靠性提高了8倍，单位输送距离损耗降低45%，单位容量线路走廊占地减少30%，单位容量造价降低28%。

特高压直流输电技术是国际上公认的我国领先世界的技术，目前只有我国全面掌握这项技术，并开始了大规模工程应用。2010年，我国自主建成云南—广东、向家坝—上海特高压±800kV直流示范工程，截至2021年底，国家电网经营区建成13回特高压直流输电工程，南方电网经营区建成4回特高压直流输电工程，其中清洁能源占比超80%，是"大气污染防治行动计划"的主要输电通道。

（2）对远距离高效输电技术需求大。特高压直流输电技术在国内有广泛的应用前景。我国人均用电量与国际先进水平相比尚有较大差距，为满足我国日益增长的负荷需求，需要利用特高压直流输电技术将大量可再生能源远距离输往负荷中心。

特高压直流输电技术在国际上也有广泛的应用前景。以巴西为例，巴西用电负荷相对集中，80%分布在南部和东南部发达地区，而位于巴西北部水力资源最为丰富的亚马孙河流域的电力外送较为困难。随着近年来经济规模扩大，电力供给不平衡的问题日益凸显。2014 年、2015 年，国家电网分别中标巴西美丽山一期、二期±800kV 特高压直流输电线路项目。2017 年 12 月 21 日，美丽山一期工程正式投入商业运行，这是中国特高压走出国门的重大突破，促进了中巴全面战略伙伴关系。美丽山项目成功实现了中国特高压输电技术"走出去"目标，标志着中国特高压输电技术、规范和标准已正式步入全球应用阶段。巴西项目的成功投运，证明中国特高压技术和"中国方案"能够有效解决巴西当前电力发展不均衡格局、促进巴西能源经济绿色发展。

特高压核心技术的出口带动了电力装备上下游产业链的发展，实现技术和设备的双输出。在印度、南非等国家对特高压直流输电技术也有迫切需求；中亚地区能源资源丰富，远距离大容量输电需要特高压直流输电技术。

（3）推动特高压技术成为"中国名片"。我国特高压输电的技术理论、工程建设、设备制造能力方面都创造了很多纪录。从中国创造到中国引领，占领了世界电网技术的制高点。我国有很好的技术基础和制造能力、设计能力，针对不同国家对输电技术的不同需求，中国有能力提供不同的解决方案，这些技术方案可以抱团出海，提升中国"走出去"产品和设备的附加值。把特高压直流输电技术和大电网运行技术，作为中国名片输送出去。

4.1.3　对电力系统发展的影响

纵观发展历程，电网结构与其能源资源分布、电力平衡方式等息息相关，但全球主要国家的电网无一例外都选择了大电网互联发展的道路。主要表现在以下特点：①互联同步电网都经历了规模由小到大、电压由低到高、网架由弱到强的发展过程，各国电网由孤立网到跨区互联、由初期弱联系到不断加强，逐步形成了合理的电网结构。②交流联网是目前世界各地电网发展的共同趋势，构建大规模同步电网是满足大容量远距离输电的有效方法，面对故障冲击，更多的电源和负荷会同时做出反应，降低系统波动，整个电网的安全性和可靠性随之提高，符合电网发展的客观规律。

同步电网对电源结构、负荷分布和电力流的变化适应性强，当系统中出现扰动时，同步电网内所有机组、负荷共同响应扰动，具有受到扰动后维持系统同步运行的自然特点，从而减轻扰动对系统的影响；同步电网规模越大、扰动带来的波动越小，承受能力越强。我国地域辽阔，东西时差大，南北季节差别明显，不同地区负荷特性、电源结构差异较大，客观上决定了我国电网东西之间、南北之间存在错峰、调峰、水火互济、跨流域补偿调节、互为备用和调节余缺等联网效益。

特高压交直流技术主要用于远距离输电通道建设和构建更大规模、联合调度、相互支援的区域电网，特高压直流可与特高压交流技术互为补充，延续当前大电网形态及发展格局，共同构建未来我国电网的骨干网架。

4.2 柔性直流输电技术

4.2.1 技术发展前景

柔性直流输电技术应用范围广泛,迄今为止国际上已有30多个柔性直流输电工程投入商业运行,主要用于风电接入、电网互联、大型城市供电和海上钻井平台供电等领域。柔性直流输电工程电压和容量不断增加,我国已投运的±500kV张北柔性直流工程单站最大容量为1500MW,乌东德直流工程电压等级达到±800kV、受端两站容量分别为5000MW和3000MW。

但是,柔性直流输电在技术方面仍需要取得以下突破:①研制基于高压大电流硅IGBT或高压碳化硅双极型器件的换流器;②开发用于高压直流电网的故障限流器和潮流控制器;③开发适用于不同直流电压等级的高压DC/DC变换器;④研制新型高压直流电缆,包括:电缆屏蔽料、大截面紧压圆形电缆导体、挤压型高压直流电缆户内终端、新型环保体系电缆绝缘材料等;⑤研制直流电网超高速故障检测与保护装置。

随着碳化硅等新材料的出现和高压直流设备制造水平的提高,柔性直流输电将向着更高电压、更大容量和更高可靠性的方向发展。

4.2.2 技术经济展望

柔性直流工程投资主要包括换流站新建工程、直流线路工程、光纤通信工程、安稳控制系统投资等。由于我国柔性直流发展尚处于初级阶段,许多设备材料为新研制开发,初期投入大且不具备规模化生产条件,导致工程造价较高。因此,已投运和在建工程的造价尚无可参照的标准。分析柔性直流输电工程造价主要参照近期同类工程招标合同价。总体来看,柔性直流输电换流站的单位成本大约为常规直流输电的1.5倍,随着柔性直流工程应用规模的增加,造价将会逐步下降。

换流站主要设备有换流阀、阀塔、换流变压器、直流电容器、交流无功补偿设备等,其中阀厅设备的占比最重,是设备投资的主要部分。直流电缆输电线路主要由电缆通道建筑、电缆电气安装和电缆附属设施安装等部分组成,其中电缆设备投资所占比重最大。直流断路器作为构建直流电网的关键设备,因其处于研发和使用的初期,单位设备成本昂贵,500kV直流断路器约15000万元/台。对于柔性直流不同的主接线方案所采用的直流断路器数量也有较大的差异。因此,在进行直流主接线方案比选时,考虑直流断路器造价的影响,应在经济性和可靠性两个方面取得平衡。

随着柔性直流技术的推广普及,换流阀、换流变压器、直流电缆、直流断路器等设备价格将逐渐降低。柔性直流工程设备大多属于高科技附加值的产品,价格下浮空间很大,随着设备的大规模生产及集中招标采购带来规模化效应,预计柔性直流工程投资会有较大的下降。

柔性直流工程的综合效益主要表现在以下几个方面：

（1）柔性直流可提高输电系统安全。柔性直流输电具有动态无功补偿的能力，能够提高系统的电压稳定性，从而提升供电的电能质量，提高并网时的暂态稳定性，且多条柔性直流可以独立运行。此外柔性直流输电的直流电缆采用交联聚乙烯材质，电气性能较好，环境影响较小。

（2）应用场景丰富，符合社会发展需求。在新能源并网方面，采用柔性直流输电是目前最友好的方式。柔性直流输电可以将来自多个站点的风能、太阳能等清洁能源传输至负荷中心。未来几年我国新能源发电规模将进一步扩大，对柔性直流输电的潜在需求也将得到进一步释放，柔性直流输电在新能源电源并网中的应用潜力巨大。

（3）大型城市柔性直流供电，提高城市供电可靠性。在大型城市供电方面，柔性直流输电最大的优势是能够实现故障隔离。由于城市负荷密度很高，若都采用交流电网，则会产生很大的短路容量，当主干线路短路时，很可能超过短路电流的限制。若建设若干采用柔性直流输电技术的主干线路，则可以将一个大电网分隔成若干个小电网，其中一侧的交流网络发生短路故障时，直流线路另一侧的交流网络不会通过直流线路提供短路电流，从而实现了故障隔离，大幅减小了输配电网络的短路容量。由于城市电网的停电损失巨大，其带来的潜在可靠性效益将会非常可观。

出于城市景观、节约土地以及提高供电可靠性等多方面考虑，城市配电网越来越多地选择地下输电方式，近年来大规模的城网改造为电缆供电带来巨大需求，架空线入地是城市发展的趋势。与交流电缆相比，直流输电的电缆单位截面积传输功率是交流电缆的 1.5 倍以上，且不会造成电磁环境污染，方便维护。

相较于常规直流输电，采用柔性直流输电技术，无需投入额外的补偿装置，换流站的设计非常紧凑且占地面积较小。随着大城市的用地愈发紧张，对配电降损要求越来越高，柔性直流输电在大型城市供电方面具有巨大的潜力。

（4）交流电网背靠背工程，动态调节系统有功和无功功率。采用常规高压直流输电进行两端交流系统的连接存在诸多缺陷，例如常规高压直流输电不仅不能独立调节无功功率，反而需要大量的无功功率作支撑，因此对交流电网的变化比较敏感。另一方面，常规直流输电存在换相失败的问题。随着交流电网的送电距离越来越远，交直流混合运行的电网结构日趋复杂，发生多回直流同时闭锁或相继闭锁故障的风险加大。较常规直流输电，柔性直流输电可以独立控制有功功率和无功功率，能够提供更高的电能质量，可以有效避免上述问题。

2016 年 8 月 29 日，鲁西背靠背直流工程柔性直流单元建成投运。工程实践证明，采用柔性直流输电的交流电网背靠背工程，可有效化解交直流功率转移引起的电网稳定性问题，大幅度提高电网主网架的供电可靠性。

（5）孤岛系统供电，同时方便将多余电能反馈系统。在向无源系统和含有分布式电源的孤岛系统供电方面，柔性直流输电具有明显优势。由于常规高压直流输电不能向无源系统供电，对于诸如没有电源的海岛，常规直流输电方式无法正常运行。相较于在海岛上采用昂贵的柴油或者天然气发电，利用柔直输电的成本优势明显。而对于具有分布式电源的孤岛系统，为了提升孤岛供电的可靠性，以及考虑更好地容纳风能、太阳能等分布式能源的接入，需要采用直流甚至是多端直流技术。

（6）海上风电并网，提高系统建设经济性。柔性直流输电技术是实现海上风电并网最友好的方式。在风电场大规模集中并网方面，柔性直流输电具有诸多优势。风电场以直流形式接入电网，可以实现电源和电网之间的隔离，防止一侧故障传递到另一侧；柔性直流输电可以精确控制有功功率和无功功率，提高并网系统的稳定性，避免风场无功补偿装置的投资。同时，柔性直流输电可以实现多端直流输电系统，提高风电场的风能利用率，减少线路走廊的施工环节，易于对风电场进行扩充。实践证明，在传输相同容量的功率时，常规高压直流比柔性直流方案占地面积大很多，而在传输较小容量的电力时，常规直流的单位造价较高。因此，海上风电并网采用柔性直流输电方案，不仅在技术上具有明显优势，在经济上也表现出一定的竞争力。

从长远来看，随着柔性直流输电技术的成熟，以及换流站等设备的造价进一步降低，柔性直流输电系统运营的经济性将会更好，综合优势更加明显，从而在中长期电网发展中更具有推广应用价值。

4.2.3 对电力系统发展的影响

柔性直流输电技术的发展，将给传统交流输电主导的输配电网带来变革，形成直流输配电网和交直流混合输配电网新模式。一是 SiC 和 GaN 等宽禁带电力电子器件的发展，将推动高压直流输电和直流电网具有更大容量、更高效率和更高可靠性，以其为基础的高压直流断路器也是直流电网的主要组成部分；二是采用新型电力电子元件的交流 FACTS 装置和交直流能量路由器直接接入电网，具有更高功率体积比和更低损耗，适用于构建直流配电网或作为微电网功率转换装置，将给中低压主动配电网和微电网带来革命性变化；三是柔性直流输电技术逐渐向着多端化和网络化方向发展，可实现多电源供电、多落点受电，为多种形式的大规模清洁能源发电的广域互联和送出消纳提供高效传输平台，实现广域大范围内能源资源的互补优化配置、高比例清洁能源电力的可靠接入以及现有电力系统运行稳定性的提升。

随着目前大规模清洁能源基地的建设加速，世界上各国已陆续推出了基于直流电网技术的电网升级计划。欧盟于 2008 年正式提出了"Super Grid"计划，美国则于 2011 年推出了"Grid 2030"计划。我国在西北、沿海等地区也面临电网薄弱导致的大规模清洁能源汇集与送出困难问题，为此规划并建设了多个多端直流工程，为促进未来高比例清洁能源的发展提供技术示范和支撑。多端高压直流输电技术可以实现直流线路的互联，为电网提供新的组网形态，直流电网将与交流电网在输电和配电领域发挥各自的优势，形成更加灵活、安全、可靠的输电和配电网，电源基地、交流电网和直流电网的协调发展规划、直流电网和交流电网的分析决策系统及统一运行控制等技术领域也将得到全面研究和发展。

5

配电及用电领域新技术发展研究

在国家政策的支持下，配电及用电领域迎来了发展新机遇，而建设改造的分布式能源比例不断升高，对未来配电及用电领域技术要求也不断提高。配电存在基础薄弱、自动化覆盖率低等诸多困境，目前电动汽车 V2G、能源互联网、综合能源系统、虚拟电厂、5G 等逐渐兴起的新技术为配电高效稳定运行打开了新的局面。本章以电动 V2G 技术和局域能源互联网技术发展研究为重点，分析其发展的技术经济前景以及对电力系统发展的影响。

5.1 电动汽车 V2G 技术

5.1.1 技术发展前景

电动汽车 V2G 技术是指电动汽车给电网送电的技术，其核心思想就是利用大量电动汽车的储能源作为电网和可再生能源的缓冲。当电网负荷过高时，由电动汽车储能源向电网馈电；而当电网负荷低时，用来存储电网过剩的发电量，避免造成浪费。通过这种方式，电动汽车用户可以在电价低时从电网买电，电网电价高时向电网售电，从而获得一定的收益。但是，电动汽车并不能随意地、毫无管理地接入到电网中，这是因为如果电网正处于峰值负荷需求，大量汽车的充电要求必然会对电网产生极其严重的影响；对于汽车而言，除了为电网提供辅助服务外，还必须兼顾汽车自身的能量存储状态，以避免影响汽车的正常使用。

在宏观层面，我国 V2G 技术应在以下方面着重发力：①系统制定顶层设计。应加紧制定 V2G 领域的发展战略规划，在战略方向、发展目标、重点任务等多方面做好顶层设计和前瞻布局，尽快研究出台电动汽车与智能电网融合的相关通信方式和标准。②重点突破关键技术。加快布局 V2G 关键技术和基础研究，将 V2G 列入智能电网技术研发的重点，进一步加大资金支持；加强 V2G 技术应用场景的研究论证，加大对车辆和电网互动的支持力度，选择具有代表性的地区适时开展应用示范；充分协调电力企业、整车企业、科研院所等多方资源，推动 V2G 技术的产业化进程，促进电动汽车、能源互联网、智能电网全方位融合发展。③积极培育发展环境。进一步鼓励消费者购买和使用电动汽车，鼓励相关省市将更多的资金用于 V2G 技术使用环境建设，吸引社会资本参与 V2G 技术研发及商业化推广应用，制定合理、精准的电价控制策略，积极引导电动汽车用户深度参与 V2G 系统中电网调峰及电能交易活动。

在技术层面，电动汽车 V2G 技术的发展需着力解决以下问题：①研究 V2G 智能调度算法，实现调频调压，以及与可再生能源协同调度；②提出优化 V2G 系统的变换器结构，包括结构的选择原则以及双向 DC-DC、双向 AC-DC 变换器的集成；③结合新能源、多元负荷接入配电网时序变化新特点，提出配电网接纳电动汽车能力计算方法；④提出电动汽车充放电行为与价格因素关联模型；⑤制定多场景下合理的分时段、分区域充电服务价格的引导型策略，实现电动汽车的有序充放电。

5.1.2 技术经济展望

随着电动汽车 V2G 新技术的发展，电动汽车既可以作为一种负荷侧新生的用电需求，又可以作为分布式的储能资源。由于 V2G 具有"源、荷"双属性，在技术方面可平抑电网负荷、支持可再生能源并网、提升电能质量；从经济角度可减少系统网损、增加用户收益、提高电动汽车渗透率；在能源存储方面可就近消纳可再生能源，梯级利用退役动力电池；在环境方面可有助于节能减排、减少环境成本。因此对 V2G 相关电力电子通信、调度和计量、需求侧管理等众多技术开展研究，必将产生广泛的经济效益与社会效益。

对电动汽车 V2G 技术经济效益进行评价可从局部电网、全网效益两个评价范围，安全效益、经济效益、社会效益三个评价维度开展，如表 5-1 所示。

表 5-1　　　　电动汽车 V2G 对于全网和局部电网的作用

效益评价	局 部 电 网	全 网 效 益
安全效益	减少电网检修、停电等临时方式下的薄弱环节	(1) 提高源网荷系统控制能力； (2) 提高电网黑启动能力
经济效益	(1) 缓解电网设备重过载； (2) 优化输变电工程	(1) 替代其他调峰电源建设； (2) 减少机组启停； (3) 提高系统运行效率
社会效益	(1) 提高配网供电可靠性； (2) 提高局部电能质量	(1) 降低系统煤耗量； (2) 提高新能源接纳能力； (3) 优化"源、网、荷"能源配置

对于局部电网来说，安全效益体现在减少检修、停电等临时方式下的薄弱环节数量上，可以采用运行、建设、检修等替代措施的投资来评价；经济效益体现在缓解设备重载、优化输变电工程建设方面，可以采用替代或延迟的输变电工程投资来评价；社会效益体现在提高配网供电可靠性方面，可以采用减少的分区负荷拉限电容量和次数对应的收益来评价。

对于全网来说，安全效益体现在提高电网"源网荷"控制能力和提高电网黑启动能力方面，可以参照"源网荷"系统投资以及容量功能相当的黑启动电源投资；经济效益体现在替代其他调峰电源建设、减少机组启停、提升系统运行效率等方面，可以参照建设抽水蓄能电站投资、机组启停成本、减少的发电成本等；社会效益体现在降低系统煤耗量、提高新能源消纳能力和优化"源、网、荷"能源配置等方面，可以参照降低一次能源消耗并改善地区环境、减少弃风弃光电量、促进局部源荷配置智能化等。

5.1.3 对电力系统发展的影响

随着电动汽车 V2G 充放电模式获得大规模实际应用和电价机制的初步形成，配电网的规划运行方式将产生较大改变。电网在白天负荷高峰时段，电动汽车车载电池存储的电能将作为分布式电源按电网需求向配电网供电，由于电动汽车数量巨大，且具有移动性、分散性等特点，因此电动汽车充放电基础设施将对配电网规划中的配电容量设置、配电线路选型、继电保护设置等方面产生巨大影响。同时，电动汽车存储电能向电网供电又受到汽车行驶特性的影响，具有一定程度的随机性，与其移动性和分散性一起，对电网调度运行管理技术水平提出了更高的要求。

随着大规模的电动汽车接入电网，电动汽车作为储能资源，理论上分散和集中形式的电动汽车储能容量达到现有抽水蓄能容量的 40 倍以上，V2G 技术的发展可有效利用以上储能容量，用于构建供需友好型互动系统和可再生能源友好型主动配电网。一是构建大规模供需友好互动系统，通过大区互联电网安全智能控制系统和大规模"源网荷"友好互动系统的协同控制，实现"源随荷调"向"荷随源动"的转变，实现电网削峰（约区域电网尖峰负荷 5%）填谷的响应能力，综合提升区域电网应对大电网故障能力。二是构建可再生能源友好型配电网，充分调动电动汽车的负荷特性和储能特性，实现区域百万千瓦级分布式光伏-电动汽车（储能）互济协调系统，通过主动配电系统的协调控制手段，实现区域百万千瓦级分布式电源以及电动汽车的友好接入。

5.2 局域能源互联网技术

5.2.1 技术发展前景

能源互联网处于高速发展期，它由电力系统、交通系统、天然气网络、热力网络和信息网络紧密耦合而成，关键是实现能源市场化、高效化和绿色化。能源互联网在纵向上体现为能源网架体系、信息支撑体系和价值创造体系"三大体系"的有机衔接，从能源流向贯穿能源转换（电力生产）、存储、传输、消费"四大环节"。"三大体系"以"四大环节"为基础，"四大环节"中每一环节都包含"三大体系"的一部分，形成了能源互联网矩阵式规划框架。局域能源互联网是以电能为核心的具有高效、清洁、低碳、安全特征的开放式能源互联网络，它具备提升能源供应可持续能力、提升民生服务水平、支撑经济转型升级、促进减排环保、推动能源节约型社会建设以及提升能源系统发展质量等诸多价值，其经济效果十分显著。

局域能源互联网领域需要突破的关键技术主要体现在能源互联网综合规划技术、通用建模理论与多能流联合仿真等关键技术研发以及电气转化、冷热电联供等核心装备研制几个方面。

预计"十四五"期间，中国能源互联网产业将超过 14 万亿元，将逐步发展成为适应能源互联的智能配电网与微电网，清洁能源占一次能源消费比重达到 30%，能源系统综合能源利用效率提升 10%。到 2035 年，将实现多能互补的能源综合利用系统，能源消费与生产将多元化、共享化，能源市场成熟度进一步提升，互联网渗透程度进一步加强，清洁能源占一次能源消费比重达到 50%，能源系统综合能源利用效率提升30%。到 2050 年，将形成能源网、互联网、交通网等深度融合的能源互联网系统，能源利用结构将发生巨大改变，能源消费无处不在，能源产消一体化，能源交易完全实现市场化，并且能源系统与互联网高度渗透，能源生产商、产消者、用户等将通过互联网化的能源交易平台实现能源自由交易。

5.2.2　技术经济展望

局域能源互联网经济性指标反映相关技术及其设备装置的成本收益情况，包括财务评价指标和系统经济性指标两部分。其中，财务评价指标通过设备投资、净现值、成本收益率、投资回收期反映能源互联网工程的盈利能力。在计算方法上，局域能源互联网财务评价指标与智能电网类似，都是根据现金流入流出情况得到项目或工程的盈利情况。系统经济性指标可通过系统建设与运行相关指标间接反映局域能源互联网的经济运行水平，代表性指标包括：设备利用率、能源经济性水平、能源网络缓建效益能力、装置使用寿命年限、投资运维成本等。其中，设备使用率、装置使用寿命年限和投资运维成本属于统计类指标；能源经济性水平主要用于反映能源互联网能源系统在降低成本费用的同时，获得相应经济效益的能力；配电网缓建效益能力指标可反映能源互联网建设对于减少配电网初始投资成本，或延缓其改造升级的能力，通过有功、无功功率的单位成本表示。

与传统工业经济相比，互联网及其经济业态有两个显著变化：①迂回经济向直接经济回归。互联网促进经济活动中供需双方实现信息透明、数据共享，提高了资源配置效率，降低了交易成本；②从有限地满足人的选择向持续锁定人的需求转变。基于大数据发现用户需求，实现从原有的单一、单次服务向持续满足并激发新需求转变，大幅提升满足用户需求的程度。

因此，从用户需求角度看，新的价值将来源于两个方面：①新业务和商业模式创造的市场价值，源于信息资源促进物理与虚拟融合，提升对人的需求满足程度；②新的生产、管理和交易方式创造的效率价值，源于智能化提升生产效率、去中介化降低交易成本，本质上是对人的需求满足过程效率的提升。因此能源互联网的价值还可以从满足用能需求的程度和满足用能需求过程的效率两个新的价值维度出发加以分析。

基于人类使用能源的演进历程，从充足性、便捷性、清洁性、选择性、扩展性建立五层次分析维度对用能需求满足程度进行展望，进而提出这一维度下的能源互联网价值主张，如表 5-2 所示。

表 5-2 用能需求满足程度下的能源互联网价值主张

分析维度	价值来源	能源互联网的价值主张
充足性	满足人口增长、经济发展和生活水平提升带来的能源消费需求增长	提升能源可持续供应能力：推动能源供应多元化，提高可再生能源利用程度，释放消费侧可调节能力
便捷性	技术进步下，大量用能和供能新设备和系统出现并广泛应用，需要提供即插即用、安全可靠的交互系统	提高民生服务水平：支持各类智能终端、电动汽车、电源等设备接入，提供定制化、网络化、个性化服务 支撑经济转型升级：满足智能生产、网络制造等相关产业转型对能源供应的要求，促进节能设备改造和应用
清洁性	减少能源开发、配置、利用过程对生态环境的破坏、对气候变化的影响	促进减排环保：促进各类清洁能源高效开发转化利用，支持各类绿色用能设备的推广利用，引导绿色用能行为和习惯
选择性	基于能源商品属性，多元化主体根据市场机制自主选择能源交易、服务和使用行为	提高民生服务水平：基于信息开放、透明共享的数据服务平台提供专业化、体系化的中介服务 支撑经济转型升级：提升能源资源的优化配置水平，推动经济及产业发展方式转变
扩展性	作为公共基础设施的重要组成部分，与信息、交通、制造、城市管理等系统互联，提供更加灵活、高效、便捷的整体服务方案	提高民生服务水平：基于开放共享的大数据平台提供跨行业服务，支持智慧城市建设和城镇化发展 支撑经济转型升级：提高公共基础设施整体效率，整合跨领域资源培育新型服务业及高端产业

结合当前电力系统运行和发展的实际，从能源利用效率、资产利用效率和市场配置效率三个方面对满足用能需求过程中的效率提升空间进行展望，进而分析这一维度下能源互联网的价值主张，如表 5-3 所示。

表 5-3 满足用能需求过程效率下的能源互联网价值主张

分析维度	价值来源	能源互联网的价值主张
能源利用高效率	建立各能源系统之间、能源系统内部网-源-荷之间有机、高效的互动机制，释放节能和能效提升的价值空间	推动能源节约型社会建设 提升能源可持续供应能力
资产利用效率	利用信息通信技术提升对物理系统的可控性和可视性，转变原有以物理系统建设冗余换取运行安全稳定裕度的发展模式	提升能源系统发展质量 支撑经济转型升级
市场配置效率	建立反映能源商品属性并考虑外部性成本的能源价格及市场交易机制，释放市场对配置能源资源的优化调节	推动能源节约型社会建设 支撑经济转型升级

根据上述局域能源互联网的价值主张可以看出，局域能源互联网可以提供包括提升能源供应可持续能力、提升民生服务水平、支持经济转型升级、促进减排环保、推动能源节约型社会建设以及提升能源系统发展质量等诸多价值，其经济社会效果十分

显著。充分挖掘电力输配网络的利用潜力，通过智能的传感、通信以及分析技术，提高对电网设施的利用率，节约配电网的基础设施投资。通过分布式发电、能量路由器、多能源系统能源与控制新技术的引进，提高整个供能系统的整体利用效率、节约能耗，降低用户的用电、用热、用冷、用气成本。通过灵活互动的机制创新、智能化的通信控制技术，激活用户侧的需求响应能力。通过能源互联网把能源的供应与消费"链接"起来，促进形成更加友好、高效的能源消费行为，使用户能够通过改进用能行为而获得经济效益。通过构建开放、独立、多边接入的互联网式的能源交易运营平台，撬动社会各界对于分布式能源的高效利用，激活第三方资本与民间力量参与，彻底改变现有能源产业的产业结构与行业组织方式，催生出大量新兴的产业机会和经济增长点。

预计"十四五"期间，面向区域能源互联的智能配电网与微电网逐步建成，配电网的资产利用率得到有效提升，降低了配电网与微电网的设备投资成本；同时，随着清洁能源占比的提高与综合能源利用效率的提升，减少了化石能源资源的浪费，又进一步降低了用能成本。然而，由于此时能源互联网系统的主要能源转换设备为 CCHP 设备，该设备前期投资较高；分布式供能设备、储能的成本也未明显降低；天然气价格也将成为能源互联网经济性的一个主要限制因素。

到 2035 年，将实现多能互补的能源综合利用系统，分布式可再生能源的生产将呈现多种形态，天然气价格对能源互联网经济性的约束效果减弱；分布式供能设备与储能设备成本的下降也将使得能源互联网的建设投资成本进一步下降；随着清洁能源占比和综合能源利用效率的进一步提升，成本较高的化石能源消耗量持续减少，能源互联网的用能成本将显著下降；另外，随着售能市场开放程度的加大，不同能源供应商将实现在交易平台上的适度竞争，进一步有利于能源互联网成本的下降与运营效益的提升。

到 2050 年，将形成能源网、互联网、交通网等深度融合的能源互联网系统，除发电外，产热、制氢等技术将得到长足的发展，分布式供能设备、储能设备、天然气价格等制约因素将不再影响能源互联网的经济性；其次，能源交易的完全市场化也将极大提高能源互联网的经济效益；另外，此时的能源互联网具有非常高的清洁能源占比和综合能源利用效率。因此，未来的能源互联网系统将有非常显著的经济性。

5.2.3 对电力系统发展的影响

局域能源互联网系统全面建成，能源利用结构将发生巨大转变，对电网格局的影响将体现在如下两个方面：

（1）由传统的独立供电系统完全转变为电/气/热综合供能系统。与智能配电网相比，能源互联网更加开放、更多互联，由主要关注单一的电力系统转向关注供电、供热、供冷、供气等综合能源系统，实现多种能源的开放互联。通过借助天然气网、供冷/热网等具有大规模储能优势的能源网，利用能源转换技术实现互补，将突破电网自身的局限，大大增加新能源的消纳手段，实现高比例可再生能源的就地消纳。天然气网、冷/热网、智能电网峰谷差问题等，均难以单独依靠自身发展有效解决。通过协调统一调度，实现能量转移，促进削峰填谷，将不同能源网络联合运作起来，提高能源控制裕度，可有效提升能源综合利用效率。

（2）与互联网技术的高度融合孕育全新能源商业模式。能源互联网是一个能量流-信息流-价值流相耦合的多层次网络。配电系统将由与信息通信技术融合逐渐向与互联网技术融合转型，利用互联网思维，创新的能源互联网商业模式将如雨后春笋般涌现，重塑能源行业创新体系，激发能源行业创新活力，具体体现在以下三点：

1）组织方式的变革。一方面，以往的电、热、气等各种形式能源系统在规划、运行等各方面几乎都是保持独立的，缺乏多种形式能源综合管理的"横向突破"，以产生各种形式能源的协同效益，实现各种形式能源从生产到消费的高效性、便捷性。另一方面，在能源的生产、传输、存储、消费等各个环节存在一定程度的壁垒，缺乏能源生产到消费自由运营的"纵向突破"，以激发多样化的能源运营方式，实现能源生产、传输、存储、消费等自由组合运营。能源互联网带来的"横向突破"和"纵向突破"将打破现有各种形式能源"条条框框"，实现能源固有组织方式的突破。

2）市场环境的营造。开放、自由、充分竞争的市场将激发市场中各商业主体的积极性，实现更大的价值创造与市场的高效运行。我国在电力、油气等各种能源体制方面的改革已经拉开序幕，将培育更多的市场主体，原有的能源市场变得更加活跃，这也成为能源互联网构建的最大原动力。在充分竞争的能源市场中，各商业主体需要自觉地提高自身竞争力：能源生产商需要更高效更低成本生产优质能源，能源传输商需要理性评估能源传输系统的规划方案实现资产的高效利用，能源零售商需要以用户为中心提供个性化的用能服务等。

3）新业态的孕育。能源互联网的多能融合、供需融合是能源产业间、企业内部与外部价值链的融合。多能融合使得不同能源之间的价值链融合，通过价值链互补的方式将创造更高的价值，从而开启新业态，例如，支撑智慧城市新业态、支撑绿电追踪新业态等。

总之，能源互联网的建设将突破固有体制，打破"条块分割"的现状；营造市场环境，孕育多样化的商业主体；突破关键技术，促进能源生产到消费各环节的变革；用新的视角审视各种形式能源系统的运营方式，促进全新能源互联网市场机制的产生。

6

储能领域新技术发展研究

高效低成本长寿命储能技术的规模化广泛应用，将改变传统电力系统运行方式，开启全新的电力生产分配新模式，为未来实现高比例可再生能源的电力系统奠定基础。未来电网的发展，应从发、输、变、配等各领域的规划、设计、建设、调度和运行等方面，逐步摆脱过去将发电和用电同时考虑的传统理念，利用储能技术节约各环节的投资，并大幅提高资产的使用效率。本章以压缩空气储能、电化学储能、氢储能等技术发展研究为重点，分析其发展的技术经济前景以及对电力系统发展的影响。

6.1 压缩空气储能

6.1.1 技术发展前景

为解决补燃式压缩空气储能系统带来的环境污染问题，可以采用两条技术路线，一是寻求可替代的清洁燃料，二是完全摒弃补燃方式。目前较为理想的清洁燃料是氢气，纯净的氢气燃烧只生成水，能够真正实现零排放，而且质量能量密度远高于液化天然气和汽油等液体燃料，具有较大的发展前景。但以氢气作为补燃燃料的压缩空气储能从制备到最终利用尚未形成规模和体系，投资成本的缩小及燃烧等关键技术仍有待进一步的研究，同时系统效率也有待提高，因此催生了非补燃式的新型压缩空气储能技术研究。

传统补燃式压缩空气储能技术依赖于化石燃料，能耗大且效率低，排放气体存在环境污染性，新型非补燃式压缩空气储能通过回收利用压缩热实现了无燃烧、无污染。蓄热式压缩空气储能技术提升了系统性能，但也受限于蓄热介质的类型和许用温度；等温压缩空气储能技术着重于减少压缩侧功率，采用资源丰富且成本低的水作为冷却介质，但也意味着膨胀侧进口空气温度不能被加热到较高温度，输出功率减小，最终整体系统功率未必提高。由于采用热压分储方式，可通过引进外部热源对蓄热介质进行加热，提高膨胀机进口空气温度，使系统效率得到提升。而在空气的存储方面，也开发出了超临界压缩空气储能技术等，以液态或超临界状态存储空气，从而减少储气罐建造的投资成本。随着国内外学者的不断研究与创新，压缩空气储能必将朝着低成本、高性能的方向发展。

6.1.2 技术经济展望

从我国已建成和在建的压缩空气储能项目来看，兆瓦级的系统效率可达 52.1%、十兆瓦的系统效率可达 60.2%，百兆瓦级别以上的系统设计效率可以达到 70%。随着系统规模的增加，单位投资成本正持续下降，系统规模每提高一个数量级，单位成本下降可达 30%左右。以 100MW/400MWh 系统为例，初始投资 5～6 元/W、年循环次数如果达到 450～600 次，度电成本区间约为 0.252～0.413 元/kWh。

从压缩空气技术路线看，基于分段压缩热回馈的绝热压缩空气储能系统关键部件的技术难度较低，系统易于实现，具有储能容量大、建设成本低、储能效率高、适应性强、可冷热电三联供等特点，未来发展前景广阔。目前，先进绝热压缩空气储能系统设备国产化正在快速推进，在设备采用全部国产的情况下，总投资成本可下降约 30%。另外，先进绝热压缩空气储能系统与槽式光热系统、传统火电系统等有机耦合技术不断发展，系统效率不断提高，投资成本不断降低。

6.1.3 对电力系统发展的影响

压缩空气储能技术属于能量型储能技术，根据储能电站的接入位置可以分为电源侧储能、电网侧储能及用户侧储能三种类型。电源侧储能是指储能站接入位置位于电源（或发电厂）与电网结算的关口表计之后，储能站属于电源侧资产；电网侧储能是指储能站直接接入输电网或配电网，储能站接受电力调度机构的统一调度，服务于电网的安全稳定运行；用户侧储能是指储能站接入位置位于用户侧关口表计之后，储能站属于用户侧资产，等效为用户侧负荷，通过用户侧关口表计与电网结算。

（1）电源侧储能。压缩空气储能电站在电源侧的用途可用于提供调峰调频等辅助服务。储能站可以同常规火力发电机组组成联合体的形式，实现调峰调频功能，提升火电厂 AGC 调频性能，一方面减少常规火力发电机组频繁变化，降低煤耗，减少机组设备磨损，延长设备寿命，另一方面发挥压缩空气储能电站响应时间短、调节速率快、调节精度高、寿命长等技术特点。压缩空气储能电站在电源侧的收益来源于参与调峰调频等辅助服务获得的收益。此外，由于风电、光伏等新能源出力具有季节性和间歇性，利用压缩空气储能电站促进新能源消纳在技术上具备可行性。

（2）电网侧储能。压缩空气储能电站在电网侧的用途主要包括调峰调频、黑启动、缓解输配电阻塞及延缓输配电设备投资、提高供电可靠性等。黑启动是指当电力系统因发生故障而停止运行后，通过拥有自启动能力的机组率先启动，带动无自启动能力的机组恢复运行，进而达到恢复整个电力系统的目的，储能可以提供自启动能力。缓解输配电阻塞指在输配电线路上配置储能站，在输配电线路输送负荷超过线路容量时，启用储能站进行调节。因电网输配电设备容量需满足用户侧最大负荷需求，对于仅在高峰时段短暂负荷超出输配电设备容量的电网侧场景，进行电网全面升级及扩建的成本高昂，此时通过配置储能站能够显著延缓输配电设备扩容进度。提高供电可靠性是指压缩空气储能电站可以作为配电网负荷转供电的一种备用电源，当上级电网停电或邻近配电线路故障时，通过转供电为重要负荷持续供电，从而提高供电可靠性。

（3）用户侧储能。储能站在用户侧的场景由降低用电成本及提高用户侧电能可靠性等需求基础上演化而来。压缩空气储能电站具备安全、无污染、机组寿命长及机组性能稳定等特点，特别是采用罐式结构的压缩空气储能具有空间上的灵活性，结合用户侧峰谷电价和两部制电价，可在用户侧降低用电成本并提高用电可靠性。压缩空气储能站的用途及场景主要包括：基于峰谷电价的用电成本管理场景，基于两部制电价的容量费用管理场景，基于提升电能质量及用电可靠性的场景，参与电力辅助服务市场场景。

压缩空气储能不仅作为电力存储仓库，还充当着电力系统稳压器的角色。目前已应用的压缩空气储能系统规模仍然偏小，但规模化仍是压缩空气储能的发展趋势。作为能源革命的支撑技术之一，压缩空气储能技术调峰调频能力强、无污染、寿命长等优越性将逐步显现出来。

6.2 电化学储能

6.2.1 技术发展前景

水系锂离子电池受到水分解电压的限制，能量密度低于有机锂离子电池，然而其具有安全性高、功率密度高、成本低等优点，适用于大规模储能领域。水系锂离子电池可进一步优化提升电极材料、电解液、添加剂、集流器等各个部件，实现将能量密度从 25Wh/kg 提升到至少 50～100Wh/kg。

全钒液流电池目前正在进行百兆瓦级的示范，技术可行性已得到证明。拓宽电解液温度与通过添加剂改性电解液是钒电解液今后的研究重点。电极与隔膜制备过程中，材料选择、结构形貌和复合制备等方面的新技术是未来的重要研究方向。全钒液流电池储能系统在长期运行时优势明显。

铅炭电池相较其他电池储能技术具有成本低廉和工艺成熟的优势。铅炭电池发展的方向是进一步提高能量密度、功率密度和循环性能，并降低成本，控制好炭材料的引入可能带来的析氢等风险。与液流电池和锂离子电池等二次储能电池相比，铅炭电池具有成本较低、安全性较好和可再生回收率高等优势。

从钠硫电池目前的经济技术指标及日本、美国对于这种电池技术在未来 20 年内的规划来看，其成本虽然预计有较大幅度的下降，但仍明显高于锂离子电池，而且因为钠硫电池体系已经定型，高温运行以及液态金属钠、单质硫的化学活性决定了其安全隐患无法根本消除，而全固态锂离子电池则有望解决安全问题。所以，从经济性与安全性两方面来看，钠硫电池这种高温电化学储能技术并不适合作为主要攻关方向。国家能源局 2022 年发布的《防止电力生产事故的二十五项重点要求（征求意见稿）》中提出中大型电化学储能电站不得选用三元锂电池、钠硫电池。

锂离子电池、液流电池、铅炭电池等新型电化学储能技术水平进步较快，具有巨大的发展潜力和广泛的应用前景，有望率先迈入产业化发展阶段，使储能技术成为与发-输-配-用并列的电力系统第五环节，在电力系统中主要发挥电网调峰、调频、事故备用、黑启动、削峰填谷等作用。

6.2.2 技术经济展望

全钒液流电池主要应用于对储能系统占地要求不高的大型可再生能源发电系统中，用于跟踪计划发电、平滑输出等提升可再生能源发电接入电网能力。在全钒液流电池示范工程的应用中，国内外普遍面临能量效率低、成本高等问题，除此之外国内还需要解决系统可靠性和关键材料国产化等问题。液流电池储能系统包括液流电池单元、变流设备、变压和系统设备等，占项目初始投资成本的 80%左右，建筑工程及其他费用占比 20%左右。2021 年，我国典型的 4 小时全钒液流电池储能度电成本在 3～3.2 元/kWh，高于磷酸铁锂电池储能项目成本，而其中钒电解液成本就占近 50%。随着生产制造技术的进步，材料技术的突破，国内产业链的完善，全钒液流电池度电成本有望降至 0.7 元/kWh 以下。

普通铅酸蓄电池的能量密度为 30～40Wh/kg，功率密度 150W/kg，循环寿命为 600～800 次左右（80%充放电深度），能量转换效率为 80%，电池价格为 1000 元/kW。铅炭超级电池的发展趋势是进一步提高电池比能量密度和循环寿命，与传统铅酸电池相比其循环寿命提升了 3～4 倍，再生利用率达 97%，综合度电成本约 0.6 元/kWh，接近盈亏平衡拐点。在这一发展趋势下，铅炭电池技术的研究主要集中在高电子导电率、高离子导电率、廉价碳材料的制备技术，长寿命铅炭复合电极制备技术，抑制铅炭电池负极析氢技术，高比能量的纳米活性电极材料制备技术等方面。

目前锂离子电池的寿命一般为 2000～3000 次，度电成本为 0.7～1 元/kWh，接近盈亏平衡拐点。电化学储能可以通过基于材料本身的改性、储能材料体系的匹配以及储能本体制造工艺的改善等因素来进行跨越式的提升，成本则可以通过规模化效应快速下降。

预计到 2025 年完成兆瓦级储能装置的研制，并逐步开展百兆瓦级到吉瓦级储能装置研制；2025～2035 年是储能技术全面推广应用阶段，到 2035 年大容量电网储能技术得到推广应用，电动汽车、分散储能等实现即插即用；到 2050 年储能系统规模从百兆瓦级提升到十吉瓦级，电化学电池在使用寿命、转换效率和成本方面得到实质突破，相关关键技术经济指标如表 6-1 所示。

表 6-1　　　　　　　电化学储能本体技术经济指标预测和分阶段目标

技术类型	2025 年		2035 年		2050 年	
	寿命（次）	效率（%）	寿命	效率（%）	寿命	效率（%）
钠硫电池	6000	80	8000	85	10000	90
液流电池	5000-10000	75	10000-15000	80	15000-20000	85
锂离子电池	10000	85-90	15000	85-90	20000	90
铅炭电池	4500	85-90	5000	85～90	8000	90

6.2.3　对电力系统发展的影响

电化学储能技术由于具有能量密度高、输出稳定、不受地理环境与地形环境限制等优势，在电力系统中得到了广泛应用。

（1）在发电侧，电化学储能技术的应用主要分为三个方向，即新能源并网、电力辅助服务和微电网。电化学储能系统具有响应速度快、跟踪负荷变化能力强的特点，在大规模新能源并网方向上，可以发挥抑制功率波动的作用，提升电力输出的稳定性、可控性和可计划性；在电力辅助服务方向上，通过选用高功率的电化学储能技术可以用于调频调压，以满足不断变化的用户侧电力需求，并降低发电成本。在微电网领域，电化学储能的作用除了上述提到的稳定电压、功率和提高电能质量外，还可以通过利用峰谷电价差增加收益。

（2）在电网侧，电化学储能技术主要用于削峰填谷，解决智能化供电、分布式供电等问题。由于发电厂的容量固定，在用电低谷时容易造成发电量浪费，在用电高峰时又由于负荷太大，容易出现断电风险。通过大规模电化学储能系统的应用，可以平滑负荷曲线，达到提高电网负荷率、节约能源的目的。除了削峰填谷，电化学储能装置具有体积设计灵活、不受地理环境限制的优点，使其可以应用于乡村、牧区、山区等用户分布较散、地形复杂适用于分布式供电的环境，减少输配电的成本。

（3）在用户侧，电化学储能技术的应用场景非常广泛，除了为手机、电脑、电动汽车等用电终端提供能量来源，还可作为备用电源广泛用于医院、工厂、通信基站、数据中心、政府部门及国防安全等场所，提高应对灾变的能力。此外，通过电化学储能系统在用电低谷时储电，用电高峰时使用，保障企业用电安全，降低用电成本。

电化学储能规模发展较为迅猛，各国兆瓦级电化学储能电站的成功投运，验证了大规模储能电站快速响应、精准调频、应急支撑等作用，为储能电站的工程化应用积累了丰富经验。电化学储能规模将进一步向吉瓦级发展，与电力的生产、分配、消费等各个环节深度融合，从根本上改变以往电力即发即用的模式，对电网格局产生巨大影响。

6.3 氢 储 能

6.3.1 技术发展前景

氢储能可有效补充电化学储能的不足，应用于新型电力系统"源、网、荷"的各个环节，呈现电氢耦合发展态势。结合新型电力系统需求，氢储能技术发展呈现以下两个特点：

一是广义氢储能为主、狭义氢储能为辅。现阶段应以推广效率高、成本低的"电-氢"广义氢储能方式为主，直接为我国的交通、建筑和工业等终端部门提供高纯度氢气。在狭义氢储能的"氢-电"转化环节，充分利用氢燃料电池的热电联产特性，实现不同品位能量的梯级利用，提高能量的转化效率。

二是探索氢能运输方式的最优组合。我国风光资源集中在"三北"地区，水资源集中在西南地区，而氢能主要需求在东南沿海地区，呈逆向分布。在氢能短距离运输方面，高压气态拖车运氢具有明显成本优势。以 20MPa 压力为例，当运输距离为 200km 以下时，氢气的运输成本仅为 9.57 元/kg；而距离增加至 500km 时，运输成本将近 22.3 元/kg。此外，该方式人工费占比较高，下降空间有限。因此，在氢能长距离运输方面，需要积极探索以下方式：①利用现有西气东输、川气东输等天然气主干管网和庞大的支线管网，掺入一定安全比例（5%～20%）氢气进行输送；②利用特高压工程输电线路，采用"特高压输电＋受侧制氢"模式进行氢气虚拟运输；③利用液氨储运的成本和安全优势，将液氨作为氢气储运介质，采用"氢-氨-氢"模式进行氢气运输。未来需要进一步对比上述路线的技术经济性，寻求氢能运输方式的最优组合。

6.3.2 技术经济展望

针对氢储能成本过高的问题，积极探索共享储能、融资租赁、跨季节价差套利等多元化商业模式来降低成本。与此同时，通过设立氢储能产业发展基金、借助资本市场拓展氢储能融资渠道、加强绿色信贷支持氢储能基础设施建设等方式，构建氢储能金融政策体系。未来，随着新能源电力价格以及电解资本支出的下降，氢储能中的电解系统成本将大幅下降。当电价为 0.5 元/kWh 时，碱性电解和质子交换膜（PEM）电解的单位制氢成本分别为 33.9 元/kg 和 42.9 元/kg，而当电价下降为 0.1 元/kWh 时，上述数值分别仅为 9.2 元/kg 和 20.5 元/kg。与此同时，随着规模效应和技术成熟，累计规模在 100GW 以下时，碱性和 PEM 电解槽投资成本将以每年 9%和 13%的速率下降，氢燃料电池和储氢罐成本也分别以 11%～17%、10%～13%的速率下降。

构建氢能市场、电力市场和碳市场的多层次协同市场，促进氢储能发展。在氢能市场方面，积极探索我国氢能市场交易中心、结算中心建设，并关注氢能进出口国际贸易，可从拥有丰富可再生能源资源的沙特阿拉伯、智利等国家进口低成本绿氢，并利用我国海上风电制氢优势向日本、韩国等高氢氨需求国家出口氢氨能源；在电力市场方面，我国电力辅助服务市场建设尚处于初级阶段，需要健全覆盖氢储能的价格机制，探索氢储能参与电力市场的交易规则；在碳市场方面，未来将被纳入碳交易体系的八大行业中，既有直接生产氢气的化工行业，也有钢铁、建材等氢气需求行业，需要积极探索氢能行业合理的碳价信号，引导高碳制氢工艺向低碳制氢工艺转变、高碳用氢环节向低碳用氢环节转变，并推动绿氢的碳减排量纳入核证自愿减排量（CCER）市场交易。最后，加强氢能市场、电力市场、碳市场的顶层设计和规划，做好政策协调和机制协同。

6.3.3 对电力系统发展的影响

氢储能在新型电力系统中的定位有别于电化学储能，主要是发挥长周期、跨季节、大规模和跨空间储存的作用，在新型电力系统"源、网、荷"中具有丰富的应用场景。

（1）在电源侧。氢储能在电源侧的应用价值主要体现在减少弃电、平抑波动和跟踪出力等方面。

利用风光弃电制氢。由于光伏、风力等新能源出力具有天然的波动性，弃光、弃风问题一直存在于电力系统中。随着我国"双碳"目标下新能源装机和发电量的快速增长，未来新能源消纳挑战更大。因此，利用广义氢储能将无法并网的电能就地转化为绿氢，不仅可以解决新能源消纳问题，并可为当地工业、交通和建筑等领域提供清洁廉价的氢能，延长绿色产业链条。国家能源局统计数据显示，2021年我国弃水、弃风和弃光电量为 1.75×10^4 GWh、2.06×10^4 GWh 和 6.78×10^3 GWh。制氢电耗按照 5kWh/Nm³ 计算，理论上总弃电量可制取绿氢 8.02×10^5 t。

平抑风光出力波动。PEM 电解技术可实现输入功率秒级、毫秒级响应，可适应 0%～160%的宽功率输入，冷启动时间小于 5min，爬坡速率为每秒 100%，使得氢储能系统可以实时地调整跟踪风电场、光伏电站的出力。氢储能系统在风电场、光伏电站出力尖峰时吸收功率，在其出力低谷时输出功率。风光总功率加上储氢能功率后的联合功率曲线变得平滑，从而提升新能源并网友好性，支撑大规模新能源电力外送。

跟踪计划出力曲线。通过对风电场、光伏电站的出力预测，有助于电力系统调度部门统筹安排各类电源的协调配合，及时调整调度计划，从而降低风光等随机电源接入对电力系统的影响。随着新能源逐步深入参与我国电力市场，功率预测也是报量、报价的重要基础。然而，由于预测技术的限制，风光功率预测仍存在较大误差。利用氢储能系统的大容量和相对快速响应的特点，对风光实际功率与计划出力间的差额进行补偿跟踪，可大幅度地缩小与计划出力曲线的偏差。

（2）在电网侧。氢储能在电网侧的应用价值主要体现在为电网运行提供调峰容量和缓解输配线路阻塞等方面。

提供调峰辅助容量。电网接收消纳新能源的能力很大程度上取决于其调峰能力。随着大规模新能源的渗透及产业用电结构的变化，电网峰谷差将不断扩大。我国电力调峰辅助服务面临着较大的容量缺口，到 2030 年容量调节缺口将达到 1200GW，到

2050 年缺口将扩大至约 2600GW。氢储能具有高密度、大容量和长周期储存的特点，可以提供非常可观的调峰辅助容量。

缓解输配线路阻塞。在我国部分地区，电力输送能力的增长跟不上电力需求增长的步伐，在高峰电力需求时输配电系统会发生拥挤阻塞，影响电力系统正常运行。因此，大容量的氢储能可充当"虚拟输电线路"，安装在输配电系统阻塞段的潮流下游，电能被存储在没有输配电阻塞的区段，在电力需求高峰时氢储能系统释放电能，从而减少输配电系统容量的要求，缓解输配电系统阻塞的情况。

（3）在负荷侧。氢储能在负荷侧的应用价值主要体现在参与电力需求响应、实现电价差额套利以及作为应急备用电源等方面。

参与电力需求响应。新型电力系统构建理念将由传统的"源随荷动"演进为"源荷互动"甚至"荷随源动"。在此背景下，负荷侧的灵活性资源挖掘十分重要。分布式氢燃料电池电站和分布式制氢加氢一体站可作为高弹性可调节负荷，可以快速响应不匹配电量。前者直接将氢能的化学能转化为电能，用于"填谷"；后者通过调节站内电制氢功率进行负荷侧电力需求响应，用于"削峰"。

实现电价差额套利。电力用户将由单一的消费者转变为混合型的"产消者"。我国目前绝大部分省市工业用户均已实施峰谷电价制来鼓励用户分时计划用电。氢储能用于峰谷电价套利，用户可以在电价较低的谷期利用氢储能装置存储电能，在高峰时期使用燃料电池释放电能，从而实现峰谷电价套利。目前，从 2021 年国内工商业电价来看，我国一半以上地区可以达到 3:1 峰谷价差要求，价差值在 0.5～0.7 元/kWh。此外，我国一些省份已开始实施季节价差（如浙江省），提高了夏季和冬季的电价。随着我国峰谷电价的不断拉大和季节电价的执行，氢储能存在着一定的套利空间。

作为应急备用电源。柴油发电机、铅酸蓄电池或锂电池是目前应急备用电源系统的主流。使用柴油发电机的短板在于噪声大、高污染排放。铅酸蓄电池或锂电池则面临使用寿命较短、能量密度低、续航能力差等缺陷。在此情况下，环保、静音、长续航的移动式氢燃料电池是较理想的替代方案之一。

氢储能的大规模发展将加速电力系统形态演进，促进新型电力系统建成：①氢储能可以突破新能源电力占比的限制，促进更高比例的新能源发展，有力支撑新型电力系统内新能源装机占比和发电占比超过 50%；②电解制氢、储氢和氢燃料电池发电可构建微电网系统，进行热、电、氢多元能源联供，有效解决偏远地区清洁用能的问题，并提高微电网在电力系统中的渗透率，增强新型电力系统的抗风险能力；③氢储能作为电力系统"源网荷"多侧的灵活性资源，可促进"源网荷储"各环节协调互动，实现新型电力系统在不同时间尺度上的电力电量平衡；④氢储能系统可以作为能源枢纽之一，可在源侧、荷侧实现多能源互补。在电源侧，氢储能可以促进"风光氢储一体化""风光水火储氢一体化"等多能互补综合能源基地建设；在用户侧，制氢加氢一体站可以与加油站、加气站和充电站进行合建，形成综合能源服务站。

7

信息与控制领域新技术发展研究

随着我国电力系统新能源装机占比逐年提升和电力电子设备大量接入，电力系统呈现不确定性强、转动惯量低、短路容量低和故障扰动大等特征，控制保护作为电网的安全卫士，面临的形势日益严峻。随着计算机、网络和人工智能技术的发展，控制保护新技术必将向综合自动化技术方向发展，控制保护将更加网络化、智能化，促进未来电网的升级和能源互联网的全面建成。本章以系统保护、智能电网调度控制、网络信息安全等技术发展研究为重点，分析其发展的技术经济前景以及对电力系统发展的影响。

7.1 系统保护技术

7.1.1 技术发展前景

现有电网按照三道防线进行设防，未来电网新能源接入规模、直流输送容量将会显著增加，新能源、直流耦合程度加深，直流故障可能会引发新能源大规模脱网，导致电网频率、电压等问题相互交织，连锁故障风险增大，单一故障影响范围扩大，故障冲击性显著增强。特高压交直流混联格局下电网运行特性发生深刻变化，电网格局与电源结构重大改变，主要体现在故障对系统的冲击全局化，电网运行安全风险增大；电源结构发生深刻变化，电网调节能力严重下降；电力电子化特征凸显，电网稳定形态更加复杂。传统保障电网安全运行的防控理念或技术与电网运行新特征不相适应，稳定控制措施已无法满足电网安全防御要求，安全控制体系下措施组织和协调难度大。

系统保护建设是一项适应多场景运行、协调控制各种资源、集成多种先进技术的复杂且系统的工程，涉及系统分析、智能控制、计算机应用、通信等领域。因此，从宏观上来看，系统保护技术需从新型电力系统特性认知、控制措施协调和系统集成三个层面来展开。

（1）系统特性认知层面。在"强直弱交"的电网结构下，交直流系统之间的相互作用在送端和受端电网上呈现出明显不同的特点。准确理解和掌握电网的特点是构建系统保护体系的基础，也是电网安全运行控制的难点。

（2）控制措施协调层面。电网运行需要实现多源协同的主动应急控制。一是要求具有兆瓦级暂态能量的功率控制能力，二是要求具有毫秒级的快速响应能力，三是要求具有大范围、多资源、多目标的协调能力。需要整合多类控制目标，考虑多个约束条件，联结多个时间尺度的动态过程，上述要求使得基于传统三道防线的防御体系难以适应。

（3）系统集成层面。系统保护是一种基于全景态势感知、实时智能决策和多资源协调功能的应急控制系统。首先，技术集成度高，需要集成系统分析、自动控制、信息通信、智能决策等技术手段。其次，系统强大，需要支持多目标、多资源、多时间尺度和多约束条件的综合协调控制。最后，网络特征突出，需要一个集成的软硬件架构，还需要广泛的信息交互和多层次的策略分解。

预计"十四五"期间，全面完善现有系统保护技术，形成性能更加优越的系统保护体系。到 2035 年，随着通信技术、人工智能等技术的突破，系统保护将会形成全网互联智能化控制。到 2050 年，随着快速频率、电压等响应预估技术的不断进步，系统保护将会形成全网互联在线实时智能化协调控制系统，支撑保障电网的安全稳定运行。

7.1.2　技术经济展望

系统保护作为一项新型的大电网防御体系，其投资受到本区域电网所面临的问题、安稳装置现状、地形条件等因素影响较大。表 7-1 列出了六大分区电网系统保护投资规模表，其中华东电网只涉及紧急频率控制系统，因此投资较少，后期进行了Ⅱ期扩建工程。

表 7-1　　　　　　　　　　系统保护投资一览表

名称	建设规模	投资（万元）
华东系统保护	1 套紧急频率控制系统	5989
华北系统保护	1 套多资源协调控制系统、4 个站点的站域失灵保护	22959
华中系统保护	1 套多资源协调控制系统、1 套多频振荡监控系统、4 个站点的失灵（死区）保护	20495
东北系统保护	1 套集中频率紧急控制系统、1 套稳态电压控制系统、1 套次同步振荡监测系统	24571
西北系统保护	1 套新疆与西北联网通道直流群控系统、1 套宁夏直流群控系统	24342
西南系统保护	1 套超低频/次同步振荡监测系统、1 套精准高周切机系统、1 套渝东北孤岛控制系统、1 套交直流协控系统	18886

随着保护控制装置成本的下降，同时系统保护后期也可以对现有安稳装置进行改造，所以未来系统保护的投资将呈下降趋势。"十四五"期间，分区电网系统保护都会建成，届时将提出性能更加优越的保护原理，以及攻克多频振荡精确抑制等技术，只需对系统保护部分装置进行改造或者更换即可，无需大规模投资；2035 年，实现系统保护全网互联，只需增加通信联络线路、主站功能升级改造等，也无需大规模投资；

2050 年，实现系统保护全网在线实时协调控制，主要对主子站的软件功能模块进行升级改造，亦无需大规模投资。因此，从未来不同水平年的经济性出发，系统保护具有较好的经济性能优势。而且系统保护投产后，会给电网带来如下效益：

（1）提升直流输电能力，减少"弃风、弃水、弃光"现象。系统保护增加了可控资源，从根本上提升了电网安全稳定裕度，也提升了直流输电能力，如酒泉-湖南特高压直流可提升 1200MW 输电能力，山东地区受入直流容量提升 3500MW，哈密-郑州特高压直流提升 2000MW 等。同时，对于大规模新能源送出地区，可以增加新能源的送出，如西北电网系统保护提升直流近区新能源送出能力 2500MW。

（2）减少负荷停电造成的经济损失。未来电网交直流故障耦合将会进一步加深，单一故障引起的连锁事故导致电网第三道防线动作的风险加大，第三道防线将会造成大规模负荷损失。通过系统保护建设，可以极大拓展电网第二道防线，最大程度保证电网事故不触发第三道防线动作，并且即使在最严重的故障情况下第三道防线动作，系统保护中的精准负荷控制环节可以将控制对象细分到用户，根据负荷特点、用户意愿进行精确匹配，有效防止大规模切负荷的发生，避免负荷停电造成的社会责任和经济损失。

（3）减少多频振荡引起的系统解列或轴系损坏。系统保护通过在振荡风险较大厂站端布点，可以及时监测多频振荡的发生，并及时采取有效的抑制措施防止不同振荡模态引发的系统解列或轴系损坏，对电厂和电网都会产生可观的经济效益。

7.1.3 对电力系统发展的影响

系统保护对电网发展的影响主要体现在以下三个方面：

（1）完善未来电网二次设防标准。系统保护将会对现有三道防线进行巩固、加强和拓展，形成更加完备的电网二次设防模式。首先，巩固第一道防线。降低故障的严重程度，从故障发生的源头抑制故障给电网带来的扰动冲击，例如应用交直流保护新技术，提升保护性能，快速可靠隔离故障；应用电力电子新技术实施大功率电气制动，或应用虚拟同步技术模拟交流电网自愈特性，抑制扰动冲击。其次，加强第二道防线。系统保护的集中控制系统主要体现在电网安全稳定第二道防线，综合系统分析、自动控制、信息通信、智能决策等多个专业领域，实现多目标、多资源、多时间尺度、多约束条件的综合协调控制。充分借鉴其他领域的先进适用技术，又结合电网控制要求，推动理论和技术创新。例如通过配置直流功率紧急控制、换相失败切机、次同步振荡切机等措施，拓展第二道防线的广度和深度。最后，拓展第三道防线。包括拓展控制资源类型（例如抽水蓄能机组、直流输电系统等），将更多的控制设备纳入基于电气量越限检测的就地分散控制；结合故障事件和响应信息，实施控制量不足时基于响应信息的追加控制等。

（2）支撑未来电网的升级。未来电网中可再生能源将会作为主要供电电源，智能化建设基本覆盖全网，形成统一坚强智能电网，网架模式以超/特高压强交强直大电网为主。跨区、省间直流联络线规模将会显著增大，但直流规模的增大，容易引发电网安全稳定问题，为此部分直流的输电容量受到限制。2035年，系统保护能实现全网互联的格局，最大程度整合全网不同的控制资源，显著增加电网运行安全裕度，电网承受冲击的能力显著增强，因此可以提升直流输电容量，减少"弃光、弃水、弃风"现象，支撑我国交直流混联电网的主网架构。

（3）支撑能源互联网的全面建成。随着能源互联网的不断推进，不同电源类型、不同输电模式、不同类型负荷将会高度集合。故障形态愈加复杂，极端故障出现的概率急剧加大。2050年，系统保护将建成全网在线实时协调控制系统，可以实时跟踪系统运行方式从而给出正确决策指令，为能源互联网的全面建成提供强有力的支撑。

系统保护在不同水平年对电网格局的影响，如图7-1所示。

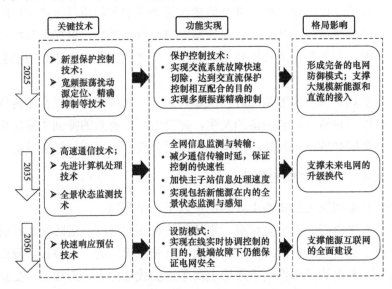

图7-1　系统保护在不同水平年对电网格局的影响

7.2　智能电网调度控制技术

7.2.1　技术发展前景

就发展角度来说，智能电网调度控制技术的发展还处于初始阶段，随着社会经济的发展、电网的规模日益扩大，电网调度系统需要在智能化、自动化方向上不断探索前进。为适应电网的需求，调度系统应该具备更为全面而准确的数据采集系统，具有强大的智能安全预警功能，在调度决策中注重系统安全与经济的协调；在系统故障时，能够快速的诊断故障和提供故障恢复决策；能够利用可视化技术，将电网的实时运行情况全面而直观地提供给调度员。在已有调度技术的基础上，重点解决大电网安全稳定运行问题，实现资源大范围优化配置；研究风电场及分布式电源控制技术，促进节能减排；开展智能调度技术支持系统、备用调度、应急指挥控制中心建设和调度通信数据网建设，在各级调度中心逐步建成智能调度决策支持系统，建设实时监控与预警、安全校核、调度计划和调度管理等应用功能，全面提升大电网调度驾驭能力、资源优化配置能力和灵活高效调度能力，保障电网安全、稳定、经济、优质运行。

虽然智能电网调度控制技术取得了一系列重大的突破和显著的应用成效，但是，特大电网的安全经济运行、大规模可再生能源的高效消纳、市场化改革的步伐加快、快速发展的 IT 技术、不断恶化的网络安全形势等，都不断对调度控制业务提出新的要求，还有许多技术需要进一步深入研究。

（1）系统架构。电网调控技术将面临系统架构改变带来的挑战。随着分布式发电在电网中的渗透率增高以及电力市场的改革，虚拟电厂作为一种新的概念正不断得到研究与应用。虚拟电厂是将分布式发电机组、可控负荷和分布式储能设施等有机结合，通过配套的调控技术、通信技术实现对各类分布式能源进行整合调控的载体，以作为一个特殊电厂参与电力市场和电网运行。作为多种分布式能源的聚合体，虚拟电厂被认为是最有前途和最有效的分布式能源管理方法之一。虚拟电厂在电力系统中作为一个虚拟的可调度发电单元，在电力市场中作为一个交易的参与者，使得分布式电源的调度和管理变得更加方便，并且更好地利用了分布式电源的灵活性。未来电网将面临大电网与多虚拟电厂共存的局面，而配电网调控将面临以群控群调和电力市场为基础的虚拟电厂调控与运营技术发展趋势。

（2）调控对象。随着可再生能源和分布式能源的发展，未来电网的调控对象将转变为多种能源形式。如风电场的大规模接入、用户侧光伏与储能系统、电动汽车、柔性负荷等，将给电网调控技术带来挑战。与传统的调控对象不同，可再生能源具有分布式、独立控制和间歇性的特点。因此，需要研究针对可再生能源波动性的实时快速调控技术，同时，考虑不确定性的随机优化方法也是技术发展的方向。而储能为解决可再生能源的间歇性提供了灵活性，考虑到储能的调控技术则需要解决其时间耦合性问题，对此，模型预测控制、近似动态规划等技术的引入为解决此类问题提供了可能的方向。电动汽车的接入也为电力系统的调控提供了新的选择，利用电动汽车的灵活性来减少未来电力系统中的不确定性将成为可能的方案。在未来，直接管理大量电动汽车是困难的，而让电动汽车由相应的电动汽车聚合商进行控制，电力系统则对电动汽车聚合商进行调度管理则是更合理的发展路径。负荷在电网中的定位也在发生变化，由于新能源具有随机性，导致局部电力供应存在短缺风险，因此在技术层面需要加强正常情况下负荷侧需求响应能力以及紧急情况下负荷控制能力。一方面应依靠市场机制引导用户用电行为，另一方面可以对用户侧受控的非敏感负荷进行直接控制，使可控负荷可以快速响应可再生能源发电功率变化，并达到负荷功率变化与可再生能源发电功率变化趋于一致的目的，这对于可再生能源电力的消纳和降低弃电率具有积极意义。未来的调控技术需要考虑到新的不同调控对象的特性，及其与传统调控对象的协调优化问题。

（3）调控需求。随着以分布式资源形式接入配电网的新能源比例持续增长，调控需求的变化即是指电力系统将需要配电网在调度控制中承担更多的责任。《可再生能源发展"十四五"规划》指出将优先开发当地分散和分布式可再生能源，结合储能新技术，大力推进分布式可再生电力在用户侧接入。随着分布式电源的广泛并网和先进调控技术的发展，传统配电网逐步演化为主动配电网。为支撑新能源友好并网，未来的调控技术需要配电网在保证供电可靠性与电能质量的前提下整合众多灵活性资源、发展新型调控技术，甚至充分挖掘分布式能源的灵活性，从而为电网提供主动支撑、参与电压及频率调节等辅助服务。例如，通过对配网侧资源的调节，可减少传统发电设备磨损，实现新能源发电移峰、平滑输出，参与电力调峰调频辅助服务补偿机制，获取电网调峰、调频补偿，提高经济性。

（4）调控方法。在调控方法层面，相比于传统的基于模型的优化控制技术，未来的电网调控需要更多引入大数据及人工智能技术。高比例可再生能源大规模并网对电力系统不确定性分析与优化提出了更高的要求；分布式能源、储能、电动汽车等设备在末端配电网的渗透逐渐增加，使得配电网的分析与控制更加复杂。这些因素给电力网络分析与优化问题带来了挑战。具有生产和消费能力的负荷、各种基于物联网的设备、先进的电信设备等的出现，使智能电网面临着数据的多样性和复杂性。因此，在未来电网发展中引入新的调控方法变得非常重要。

随着智能电网的发展，先进的通信和测量基础设施、输配电系统中的相量测量单元以及配电网络中的智能电表等技术为获取更大规模及更高质量的电网数据提供了前提条件。与此同时，数据分析与处理技术近年来飞速发展，人工智能技术更是给整个社会带来了新的机遇。计算机科学领域数据驱动算法的进步和计算能力的指数增长，将为解决电网调控中的一些问题提供新的思路。对于某些模型参数难以获取、或难以构建精确模型的情况，传统的基于模型的优化控制技术难以应用，而利用数据驱动技术辨识电网系统模型的方法为解决优化调控问题提供了新的方案。此外，采用数据驱动方法直接映射最优决策的调控方式也是新的发展方向。利用先进的机器学习技术直接预测最优潮流及其变体的优化问题的解，即从数据直接到决策的调控方式，为解决复杂高维的问题提供了希望，例如通过机器学习技术从数据中学习或记忆调度策略，然后利用训练好的模型实现在线控制。然而，将大数据及人工智能技术引入电网调控技术的过程中，数据质量、可解释性及泛化性问题仍有待进一步解决。

（5）参与主体。伴随增量配电业务深入改革，多利益主体共存对配电网调控管理手段提出了新要求。配电网的可调控对象不一定都属于电网公司，在调控过程中将可能涉及多个不同的利益主体，确保多方经济利益并且考虑到多主体隐私安全问题将给智能调控带来一定的挑战。在这种场景下，需要进一步研究多区域主体分布自治、集中协调的调度运行控制技术。在电网各环节智能的基础上通过调度运行控制实现电力系统整体的智能运转。通过研究"源—网—荷—储"自律协同的电网能量管理与运行控制技术、基于云计算技术的新一代智能调度技术、交直流混合电网的广域协调稳定控制技术等，建成互联互动的能量管理系统，实现电网调度与运行控制的一体化，提高电网应对灾变的能力，进一步提升驾驭大电网的能力。

7.2.2　技术经济展望

调控技术的发展致力于使电力系统运行时满足经济效益和社会效益最大化。总的来说，未来电网的调控模式在提高经济效益方面包括：减小网损、提高设备利用率、实现多种电源接入下的全网资源优化配置等；在提高社会效益方面，包括提高电压合格率、减小电压波动率、提高频率合格率、提高供电可靠率、减少年平均停电时间、减少排放和损耗，另外要提高用户满意度，进行反馈评价等。

（1）财务评价。调控系统发展升级的过程中，过渡期基本建设费用较高，包括主网调度自动化系统升级、变电站综合自动化改造、遥视系统建设等。随着智能调控的发展，不仅是管理模式发生变革，电网自动化设备也向着功能更完备、性能更优越的水平提升。随着电网信息化、自动化、互动化水平大幅提升，检修和技改成本会比传统模式有一定程度的减少，同时也会提高设备供电可靠率。从项目成本估算来说，短期内实施智能调控系统需要投入资金进行各项设备的更新，但从长远效益来看，其全寿命周期内的运行维护成本、大修和技改成本、停电损失成本、人员工资及福利费都要比传统模式低。

（2）综合效益分析。智能调控系统对于供电安全性和稳定性有着直接的影响，在考虑综合效益时，一般从满足社会用电需求、优化电力系统结构以及加强电网稳定性等方面来分析。

有效提高电力网调控制系统的灵活性。智能电网调度控制技术在实际电网安全性需求的条件下，大大提升电网控制调度的灵活性，提高电网调度控制系统抵御自然灾害的能力，保证电网调度控制工作顺利开展。

有效加强电网的稳定性。当前电力系统规模更加庞大，操作更加复杂，导致电力调控运行难度不断加大。智能调控系统有效减少电网故障、停电故障以及设备损坏等现象，提高电能输送稳定性与电能的生产效率，能够有效增强电网运行的稳定性与安全性，从而满足全社会用电需求。此外，电力调控的工作效率也间接影响到电力企业的经济效益以及社会效益。

有效降低了电网运行成本。智能电网调度控制技术有效实现了发电的安全性和经济性发展、节省电网调度运行成本，例如实现可再生能源及分布式能源大规模接入，提高了电力资源配置利用效率，实现系统运行成本节省和资源优化配置。

新型调控技术可保障高可再生能源渗透率的新型电力系统，推动清洁能源替代业务发展，助力"碳达峰""碳中和"，具有重大的经济与社会效益。

7.2.3 对电力系统发展的影响

新型智能调度控制系统采用新技术、新架构重构大电网调度控制新体系，基于服务化思维打造创新生态，改变传统调控中心各自独立分析决策的现状，建设"人机融合、群智开放、多级协同、自主可控"的新一代调度技术支持系统，实现"全业务信息感知、全系统协同控制、全过程在线决策、全时空优化平衡，全方位负荷调度"，有力支撑大电网安全运行、清洁能源消纳和电力市场化运作。

（1）全业务信息感知。通过对反映电网运行态势的各类内外部信息的采集、处理、分析与挖掘，采用系统级告警引擎主动推送故障综合告警及处置预案，按需共享电网模型、实时信息、计划信息、分析结果、决策信息，实现大电网全维度态势感知。

（2）全系统协同控制。全方位感知电网运行薄弱环节，统筹全网可调可控资源，采用统一决策、分散控制的多级调度协同控制新模式以及灵活精准的源网荷控制手段，实现全局风险协同防控、复杂故障协同处置和正常状态自适应巡航，全方位保障电网安全稳定运行。分布式电源、多元广义储能设备在不同时空尺度下对电网调控的适应性和调控潜力得到充分挖掘，实现对多类型分布式电源的统一管控，提高电网运行管理效率。多层级虚拟电厂之间可实现灵活的功率互济与潮流优化，有效提升配网运行的安全性、稳定性和经济性。

（3）全过程在线决策。事前通过运行态势风险分析和稳定裕度在线计算，评估潜在风险，并提出防控策略；事中通过稳定特性实时分析和处置决策实时评估，保障操作安全，正确处置故障；事后通过事故过程仿真评估，分析处置策略。构建事前、事中、事后全过程风险防控新体系。

（4）全时空优化平衡。通过多时间尺度高精度预测，分析送受端资源互补特性，构建全周期滚动、跨区域统筹、源网荷协调的电力电量平衡体系，全局共享调峰、备用、调频等各类资源，挖掘系统整体调节能力，提升清洁能源消纳水平。随着柔性电力电子装备技术的推广应用，新型配电系统网架将会发展为灵活的环网状结构，各配电区域通过柔性开关实现互联，潮流流向及运行方式日趋多样化。配电调度将具有对潮流进行大范围连续调节的能力，系统运行灵活性显著提升。

（5）全方位负荷调度。通过全面感知分布式电源、储能、电动汽车等可调节负荷的时空特性、响应特性，构建源荷双向互动支撑平台，正常情况下实现多时间尺度负荷调度优化，紧急情况下给出负荷控制策略，提升系统备用、调峰、调频能力。柔性负荷将在源荷互动技术、高效的电力交易及博弈机制支持下，即时响应配电系统功率调节，深度参与源荷互动，平抑峰谷差，提升配网运行效率。

7.3 网络信息安全技术

7.3.1 技术发展前景

近年来围绕信息获取、利用和控制的国际竞争日趋激烈，电力行业网络与信息安全形势日益严峻。

电力行业具有较好的信息安全基础，电力信息网络安全体系应秉承继承创新、自主可控、协同对抗、智能防护的原则，结合电力企业自身信息网络发展特点，在管理、策略、角色与技术等方面多措并举，稳步形成适应自身实际情况的新一代信息网络安全架构，在架构演进的过程中，应重点做好以下几方面的工作。

（1）开展信息安全顶层设计。必须坚持信息安全同步业务发展的思路，树立大安全理念，开展涵盖电力全业务、全单位、全系统、全过程的信息安全顶层优化设计，明确定义信息安全管理架构、策略架构、技术架构、角色架构及其配套流程体系，建立标准化的信息安全顶层框架，形成覆盖规划、可研、设计、开发、测试、实施、运行、应用、检修、下线等各个阶段的信息安全全过程管控工作机制，为可持续信息安全工作的开展提供有效的方法论指导。

（2）制定信息安全标准体系。目前，国外关于电网信息安全标准体系的研究已经走在了前列。在加强对国外相关安全标准研究和借鉴先进研究成果的同时，还应由既了解我国电网实际情况，又了解信息安全的专家组对我国信息安全标准体系进行科学的规划，以此为指导制定信息安全标准体系。同时，还要推进信息安全标准在行业内的合理部署和实施。

（3）加强信息安全技术研究。智能电网的信息安全需要从信息的采集、传输、处理和交互等各个环节加强保障，开展对无线网络中安全传输协议、有线网络中防火墙技术和安全认证技术的研究，完善网络与信息安全预警、通报、监控和应急处置平台，形成有效的安全技术防护体系。

（4）融合构建新型信息安全技术防护体系。坚持信息系统自主可控发展战略，加快推进高端服务器、操作系统、数据库、中间基础软件以及密钥算法的国产化替代工作，构建安全可控的研发与供应链生态环境。充分整合防护体系，完成安全基础设施建设，同时，融合云计算、大数据、移动互联网等新技术，构建新型信息安全协同联动技术防护体系。

网络信息安全技术的发展受到人工智能、大数据、电网工控安全防护、区块链、身份与访问管理等技术发展状况的制约。预计"十四五"期间，构建信息安全统一监测预警平台和高级可持续威胁检测系统；预计2035年，随着漏洞特征快速识别方法、态势感知和人工智能安全技术等的突破，形成防护能力更强的电力信息网络动态感知和安全设备联动防御体系；预计2050年，随着新一代电网特色数字证书认证系统、跨洲际数据安全传输系统等相继实现，进一步形成覆盖面更广、安全性更高、性能更优的面向能源互联网多业务融合信息保障体系架构。

7.3.2 技术经济展望

网络信息安全对于当前电力系统和未来智能电网都具有举足轻重的作用，是一项涉及电网调度自动化、继电保护及安全装置、厂站自动化、配电网自动化、电力负荷控制、电力市场交易、电力营销、信息网络系统等，有关生产、经营和管理方面的多领域、复杂的大型系统工程。电力信息的不安全，会造成电力系统的生产经营和管理巨大的损失。因此，对网络信息安全技术的经济性评估不仅需要考虑提升网络信息安全所花费的成本，也需要考虑由于网络信息安全避免的电力系统巨大的经济损失。电力信息安全不仅涉及企业信息安全投资收益与生存，甚至关系到金融风险防范、国家安全和社会稳定。

电力信息安全投资内容主要包括电力信息安全价值评估和电力信息安全风险评估等。电力信息安全投资不同于一般性的投资行为，它的特点包括：第一，电力信息安全投资效益难以计算。企业信息安全投资不同于企业一般的生产性的投资，因此不能以直接资金效益产出和扩大再生产能力的维度进行衡量。企业信息安全保障工作的本质是为了确保现阶段和未来一段时间减少或避免因为信息安全事故的发生而造成损失，因此电力信息安全的投资效益是减少企业信息安全事故造成潜在损失的资金量。但是由于基础数据的缺乏和计算的复杂性，使得电力企业信息安全事故的潜在损失的量化计算非常困难。第二，电力信息安全投资不一定会有回报。由于电力信息安全的投资效益是因投资行为的发生减少的信息安全事故损失的数值来评价的，因此，信息安全事故一旦发生，从实际效果来看，如果因信息安全投资而减少的信息安全损失小于信息安全的投资值，那么电力信息安全投资被认为是没有回报的。第三，电力信息安全事故所造成的损失有可能是毁灭性的。企业信息安全保障工作的困难度不同于企业一般的生产工作，一方面由于外部网络信息空间环境的恶化，企图破坏电力信息系统的威胁源很多，另一方面由于软件架构的天然缺陷，电力信息系统自身存在技术漏洞，信息安全事故发生的可能性很大，事故的发生很可能带来毁灭性的损失，因此，电力信息安全投资是一项高风险的投资行为。

电力信息安全投资的不确定性和风险这两个特性是紧密相连的。换句话说，在企业信息安全投资行为中，只要有不确定性存在，就必然伴随着风险。信息安全投资的全流程，信息安全投资建设的生命周期，投资数量的变化，新的信息安全技术的诞生，国家层面上的宏观政策的变化，价格因素的改变，诸如此类的不确定因素对电力信息安全投资投入和产出有着显而易见的影响，很有可能会影响投资的预期效果。电力信息安全投资中不确定性是由两个因素造成的：一方面受经济环境的影响，电力信息安全价值的确定受到主观上的制约，评估时必定得包含科学的评价指标、参数、模型和计算方法，从而为电力信息安全价值评估带来了不确定性；另一方面，电力信息安全风险评估受客观网络环境的影响，外部的网络环境时时刻刻存在着风险，有很多需要考虑的问题具有未知性，变数很大。因此，电力信息安全投资风险的评估的过程，必然充满着未知，总体上的不确定性必然存在。总而言之，电力信息安全投资的风险分析实质上是对电力信息安全投资的不确定的、有可能不利的因素进行充分分析和预测的过程。电力信息安全投资不确定分析的主要作用就是在于通过不确定性因素及风险程度的研究，暴露电力信息安全投资过程中可能出现的最不利的情况，减小误差，确保电力信息安全投资的成功。

电网企业信息安全的投资规模是由电力信息安全的投资价值所决定的，电力信息安全的投资价值可分为直接经济价值和间接经济价值两部分。直接经济价值一般指电力系统遭受信息安全方面的攻击后，造成的电力行业及工业、商业、居民的损失值。间接经济价值指的是信息安全事故发生后对整个社会造成的长期影响。近年来针对电力企业的网络攻击发生的频率越来越高，由于电和行业信息系统和生产系统的关联度越来越高，因此，信息系统被攻击可能会导致大量电力生产系统的故障，生产系统的故障将会带来重大停电事故。由此可见，由于网络攻击可能造成的停电事故带来的损失远远大于信息系统本身的固有价值，一旦事故发生，将严重阻碍当地的经济发展。

由于遭受信息安全事故而造成的停电事故发生，会给电力行业和电力用户造成影响，一般会在较快的时间内显现出来。包括售电收入的减少和动力系统故障的检修成本、电力用户造成直接的经济损失，电力企业的售电量的减少是电力行业的直接经济损失的主要部分。除了会造成直接影响之外，还会造成经济活动中的各生产单位因停电而改变原有生产计划的间接经济影响，这个影响很可能持续时间很长。所以，信息安全事故引起的停电事故的波及面非常广，对于它的估算的复杂性非常高。

7.3.3 对电力系统发展的影响

未来的信息安全建设工作将会向技术自主化、多元化、核心化的方向发展，主要体现在以下几个方面：

（1）突破制约信息安全建设发展的核心技术，掌握关键硬件防护元器件、大型系统防御软件、高性能安全计算、高速无线安全通信等下一代安全核心技术，提高自主研发能力和整体信息安全技术水平。

（2）加强重点安全技术纵向集成，以业务应用安全需求为导向，研发智能电网业务安全新型关键技术，实现传统应用系统防护技术的升级改造。

（3）研发网络信息安全关键技术，把高可信网络作为发展重点，建立网络信息安全技术保障体系，有效防范各类未知安全突发事件，提升智能电网信息网络防护水平。

（4）解决安全体系发展过程中存在的平衡性、可扩展性、经济性等问题，加大信息安全技术的创新力度，提升新型技术自主知识产权水平和核心技术竞争力。

（5）在智能电网信息安全建设的过程中，需要充分利用数字化、智能化的现代信息安全技术，不断深化电网生产调度和各大信息业务系统的安全建设，实现系统平台数字化、管控过程自动化、业务保障互动化、安全决策科学化。同时要充分调动各项信息保护资源，实现安全策略智能分析、管理控制智能处理、业务防护智能作业，有效促进信息安全防御体系标准化建设，深化系统平台安全应用，支撑信息安全体系管控集团化运作，全面提升智能电网的工作效率和经济效益。

未来智能电网从宏观上看将演变成一个由信息网和电力网为主体的复杂交互网络。信息网与电力网之间存在强耦合性，信息网络的安全及其对电力系统运行安全带来的风险不容忽视。在发生系统内部故障、恶意攻击以及自然灾害等情况导致信息网络故障时，均有可能导致电力网瓦解，进而引发大面积停电事故。因此，为了保障电力系统的安全运行，不仅要控制和消除电力系统信息化新元素带来的安全隐患，还要从系统完整性的角度研究系统局部失效或遭受攻击之后整个系统的生存性。

我国电网信息安全防护一直遵守"安全分区、网络专用、横向隔离、纵向认证"的安全防护原则，结合自主可控的实时监测、工控安全、可信计算等多种技术手段，有效地隔绝了多种信息通信攻击渠道和手段，多年来未发生影响电力生产的重大信息安全事件。在相关成功经验的基础上，结合下一步对网络信息安全技术的突破和升级改造，可以推出与我国能源互联网建设方案和技术路线相配套的电网信息安全防护设备、技术手段和解决方案，提高我国能源互联网的安全性。

8 新技术发展成熟度评估

通过能源电力新技术的应用情况以及发展关键因素分析，我们对各类新技术的发展有了总体的认识，但对其已经发展到什么阶段、技术是否成熟，还需要进行定量分析。本章结合影响新技术发展的关键因素，研判新技术发展的技术路线，并引入技术成熟度评估方法对各领域新技术的发展情况进行评估。

8.1 新技术发展技术路线

1. 发电领域

（1）光热发电技术。光热发电技术发展方向主要集中在以下几个方面：

1）各项技术突破使机组在更高温度下运行，有更高发电效率。按卡诺定律，工质温度越高系统热电转换效率越高，因此提高工质温度以提高发电效率是未来光热发电的重要发展方向。光热系统提高聚光比获得高温并不困难，运行温度不能继续提高主要受制于工质温度限制、热力系统材料和制造工艺等。例如温度太高，槽式光热发电系统就不能再采用导热油而应该采用熔融盐作为换热流体，如果直接产生蒸汽，温度越高压力越大，对集热管的密封能力和耐压能力均是考验。为利用好高温带来的发电潜力，光热电站将更多采用超临界、超超临界、高压气体加热联合循环发电等技术。

2）光热发电系统将更复杂、更灵活、更绿色。除包含储能（包括储热和储电）和补燃设备、光伏与光热联合发电、光热与传统火电联合发电、光热系统实现联合循环外，未来还可能通过光能制备氢气、合成气、燃油等，制备燃料可供光热电站补燃使用。

3）各项技术进步促进光热系统造价和发电成本下降。采用更廉价的设备和材料、采取直接产生蒸汽、扩大生产规模等手段，都可以大幅降低光热电站的造价。预计"十四五"期间，光热发电开始有规模地商业化应用，其中，槽式和塔式将成为最有竞争力的光热发电技术，发电成本将在目前基础上降低约10%。其中，最主要的部分来自镜场系统的改进，其次是储热系统的改进。2035年后，随着大规模的商业化应用，光热发电有望实现平价上网。2050年，光热发电将成为主要承担腰荷和调峰任务的主力电源之一，具体技术路线如表8-1所示。

表 8-1　　　　　　　　　　　　光 热 发 电 发 展 路 径

主 要 工 作	时间节点
（1）所有的新电厂实现干式冷却，运行温度达到 540℃，开发更大容量的储热系统	2030 年完成
（2）在光热发电站中引入超临界蒸汽透平	"十四五"完成
（3）论证带空气接收器和气体透平的塔式太阳能	2030 年完成
（4）利用光热电站实现脱盐	2030 年完成
（5）在线性系统中采用创新性的非成像光学增加接收管中的能量	"十四五"完成
（6）引入创新型的导热流体，包括：空气、气体、线性系统中的纳米流体、氟化液体盐	"十四五"完成
（7）引入闭环多次再热布雷登循环透平	"十四五"完成
（8）发展和引入超临界 CO_2 循环	2030 年完成
（9）通过光谱分裂或光伏置顶发展光伏、光热混合电站	2030 年完成
（10）在新电站中利用生物质制气和太阳能燃料替代天然气	2030～2050 年
（11）从塔式和大型碟式光热电站中所制氢气在天然气管网中得到运用	2030～2050 年
（12）仅用太阳能生产的氢气用于制造液体燃料	2040～2050 年
（13）以太阳能生产的其他能量载体用于运输环节	2040～2050 年

（2）分布式发电技术。光伏逆变器硬件效率进一步提升，组件及产品越来越丰富，电网适应性和环境适应能力不断增强。光伏组件效率进一步提升，技术方向主要包括两个方面：第一是如何最大限度增加光吸收、提高光的使用效率，采用的主要方式包括增加抗反射层、减少栅线遮挡、采用黑硅及绒面减少光反射、全背面接触电池（IBC）等；第二是如何减小电学损耗、减少复合，使更多的光生载流子可以传输到外接电路中形成电流，采用的主要方式包括各类钝化技术，如局域重掺杂、背钝化、本征薄膜异质结双面钝化等结构及 N 型材料等。其中，前者的优化目前已接近极限，后者视为未来更为重要的发展方向，也是提高电池片转换效率最有效的方式。不同组件技术效率变化如图 8-1 所示。

图 8-1　不同组件技术效率变化

现阶段，光伏组件效率将进一步提升，N 型技术将得到广泛应用，进而带来光伏发电成本 20% 的降低。与此同时，先进逆变器技术的应用也有望带来发电成本 10% 的降低。更多的成本降低则会来自于其他部分系统，包括电缆、封装、监测等硬件系统以及线路安装、检测、机械安装等软件系统。

风电技术的发展主要包括风机本体技术及其运行控制技术的发展，主要集中在以下几个方面：

1）单机容量和尺寸不断增大，海上风机尺寸大于陆上风机。陆上风机单机容量和尺寸增长情况和发展预期如图 8-2 所示。但单机容量的增长是有限制因素的，单机容量越大，轮毂高度越高，叶片越长，对杆塔、基础的力学性能要求就越高，除无法保证安全运行外，还可能大幅拉高成本，使得单位发电成本大幅升高。

2）将开发和应用各种复杂条件的风机，扩大风电的使用范围。适应较深海域（超过 50～60m 水深）的海上风电技术、适应寒冷和冰冻气候的风机、适应热带气旋的风机设计等相关技术将进一步完善并投入商业化应用。开发利用 6～8m/s 以下风速风能的低速风机，在保证充分利用较差风资源的条件下，尽可能提高项目经济性，大叶片机组、廉价机组是低风速风机的发展技术方向。

3）采用更多新材料、新技术。新材料方面，第一类是电磁性能优异的材料，如稀土磁性材料将大量运用到永磁发电机，将大幅提高风力发电机出力同时减轻发电机等组件重量；第二类是钛合金材料、碳纤维材料等强度质量比很大的材料，将大幅提高风机组件强度同时减轻叶片等组件重量；第三类是智能材料，包括电流变液材料、磁流变液材料、形状记忆合金、压电材料和磁致伸缩材料等，主要用于叶片等构件，一般将智能材料与叶片弹性体做成智能夹层结构，可以实现叶片的主动控制保护。

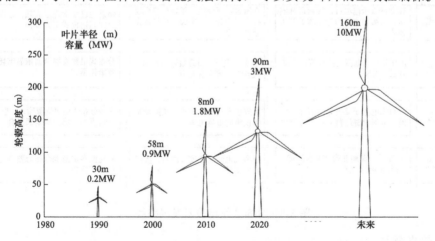

图 8-2　陆上风机叶片半径、轮毂高度及单机容量的发展趋势

预计"十四五"期间，风电将采用更长、更轻叶片以提高风机的能量捕获能力，预计风轮平均直径将达到 160m，扫风面积可以增加一倍，年发电能力也可以提升一倍。通过叶片技术、塔筒结构、传动系统、控制系统、电气系统、激光雷达等一些机

组技术的进步，可带来发电成本降低 10%。在此基础上，风资源评估选址、风机选型、调度优化、精益化运维、数字化工业互联网、商业模式创新等场站级到电网级风电技术的应用，成本将有望再降低 10%。

综合分布式发电技术经济发展、政策环境变化等因素，我国未来分布式发电发展将包括以下三个阶段：

1）现阶段，政府指导下的规模化阶段。在国家政策的引导下，启动国内分布式发电市场，初步形成规模。分布式光伏发电进入快速发展阶段，分布式天然气发电加快发展，分散式风电发展开始起步。

2）近中期，政策推动下的市场化阶段。在国家政策的激励下，国内分布式发电市场进一步扩大，市场竞争能力增强，应用领域扩大。分布式光伏发电、分布式天然气发电和分布式生物质能燃气发电应用领域扩大，分散式风电初具竞争力，分布式发电商业运营模式初步形成。

3）长期，政策退出后的商品化阶段。政府激励政策逐步退出，国家取消补贴，分布式发电余电实现平价上网。分布式天然气发电、分布式光伏、分散式风电和分布式生物质燃气发电完全商品化，形成成熟的分布式电源商业运营模式。

分布式发电技术发展路线如图 8-3 所示。

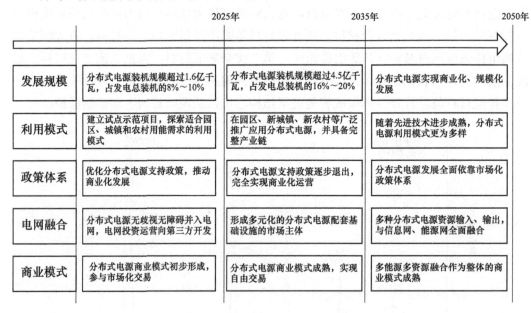

图 8-3　分布式发电技术发展路线

2. 输电领域

我国在柔性直流输电工程技术研究与应用方面起步较晚，但发展很快。2006 年开始研究到现在，我国已有多项柔性直流输电工程在运/在建，并在柔性直流输电领域多项技术指标达到世界领先水平。从上海南汇柔性直流输电示范工程到张北综合示范工程，我国柔性直流输电的装备和技术的自主化程度不断提高。当前，换流阀、换流变压器、直流断路器等柔性直流核心设备已实现 100%国产化，其控制保护技术也已经拥有了完全的自主知识产权。丰富的应用场景和技术优势必将推动更多的柔性直流输电项目工程建设，相关设备的购置需求也将进一步增加。在柔直项目中，超过 60%来自设备投资，其中整流站中的主设备更是占到总投资的 30%以上，继而带动制造企业受益。随着技术的发展，新一代的电力电子器件将以 SiC 为基底，比现有硅基电力电子器件减少大概 70%的能耗。随着 SiC 晶圆制造技术进步，晶圆向更大尺寸和更低成本方向发展。

柔性直流输电技术及直流电网将向更高效率、更高可靠性、更多应用场合、高频化、紧凑化、智能化等趋势发展。

近阶段，掌握±500kV 及以下电压等级 DC/DC 变换器技术；研究恶劣环境下的直流电网换流平台关键技术；研制±500kV 直流电网潮流控制器，并具备工程应用条件；形成直流电网基础理论体系。

到 2035 年，掌握±800kV/8GW 的柔性直流换流阀关键技术；研制 800kV 直流断路器样机并完成相关示范应用；完成电压等级达 800kV/6kA 的高压直流电缆系统研发与生产；研制±800kV 直流电网故障电流限制器样机，具备适用于±800kV 直流电网的故障限流器试验能力；研制±500kV DC/DC 变换器样机，具备在±500kV 区域直流电网中的示范应用条件；研制±500kV 及以下电压等级、适用于极端环境等特殊应用场合的直流电网换流平台；研制±800kV 直流电网潮流控制器样机，具备示范应用条件；掌握多电压等级直流电网互联技术。

到 2050 年，实现±800kV/8GW 的柔性直流换流阀工程化应用；研制 800kV 特高压直流断路器高可靠性工程产品并工程化应用；研制±800kV 直流电网故障电流限制器高可靠性工程化产品；研制±500kV DC/DC 变换器高可靠性工程化产品；研制±500kV 及以上电压等级、适用于极端环境等特殊应用场合的高可靠性工程化直流电网换流平台；研制±800kV 直流电网潮流控制器高可靠性工程化产品，具备工程应用条件；直流电网技术得到广泛应用。

3. 配电及用电领域

（1）电动汽车。电动汽车车载电池能够作为移动储能单元与电网进行合理的双向电能转换，将会对电网经济高效运行起到良好的辅助作用，因此电动汽车与电网能量转换技术将逐步从单向无序的 V0G 模式，经过单向有序的 V1G 模式，最终向双向有序的 V2G 模式发展。

电动汽车 V2G 新技术的发展将有以下几个阶段：

近期，电动汽车与电网互动的充电设备、充电站等相关的一些关键技术问题将得到解决，城市电动汽车充电桩和充电站建设加快。通过试点、示范工程建设，发展出适应电动汽车产业化发展的充放电系统模式，制订出相关技术标准和管理规范。电动汽车充电受电网控制模式进入较大规模示范运行阶段。

预计到 2035 年，建成安全、可靠、便捷的电动汽车充放电站布点网络，实现电动汽车与电网间电能的双向互动，电动汽车 V2G 充放电模式获得大规模实际应用，通过对电动汽车充放电进行智能监控，完全实现电动汽车作为移动式储能单元与电网间的能量和信息双向互动。

预计到 2050 年，电动汽车的销售量超过燃油汽车，低成本高密度长寿命电动汽车动力电池已广泛应用于电动汽车中；电动汽车无线充电技术成熟，高速路网建成完善的有线、无线充电系统；建成完善成熟的电力市场，电动汽车作为储能单元大规模参与电网的调峰、调频、事故应急备用等辅助服务。

（2）能源互联网。预计 2050 年全球 80%的能源来自清洁能源，其中大部分是具有波动性和间歇性的可再生能源，能源消费领域将实现更广范围的能源互联，能源消费与供应者的互动性将前所未有的提高。能源互联网面临着适应源荷双侧的间歇性、波动性增加等重大技术挑战。能源互联网将激发能源生产、传输、存储、消费等能源全价值链的变革，形成集中式与分布式协调发展、相辅相成的能源供应模式。

能源互联网系统发展将经历如下几个阶段：

近期，中国能源互联网产业将超过 14 万亿元，将逐步发展成为适应能源互联的智能配电网与微电网。在能源生产侧分布式能源快速发展，在消费端充分利用电动汽车等柔性负荷，推行电能替代，能源交易方面则将逐步实现市场化，以单向交易为主，售电市场有限开放。清洁能源占一次能源消费比重达到 30%，能源系统综合能源利用效率提升 10%。

到 2035 年，将实现多能互补的能源综合利用系统。分布式可再生能源的生产将呈现多种形态，除发电外，产热、制氢等技术将得到长足发展，分布式可再生能源比例大增；同时，多能互补将广泛应用于能源消费侧，大型商业广场、写字楼、医院、居民建筑楼等将广泛应用冷热电三联供等技术，实现能源的综合利用，能源产销者广泛形成，能源消费与生产将多元化，共享化；能源市场成熟度进一步提升，互联网渗透程度进一步加强。多能流互补互动，不同能源的供应商将进行交易，实现彼此能源的互补。售能市场开放程度加大，不同能源供应商将在交易平台上进行适度竞争。清洁能源占一次能源消费比重达到 50%，能源系统综合能源利用效率提升 30%。

到 2050 年，将形成能源网、互联网、交通网等深度融合的能源互联网系统。能源利用结构将发生巨大改变，能源消费无处不在，能源产消一体化，能源交易完全实现市场化，并且能源系统与互联网高度渗透，能源生产商、产消者、用户等将通过互联网化的能源交易平台实现能源自由交易。

4. 储能领域

随着储能技术的规模化发展，储能已不局限于改善可再生能源发电自身的特性，而是从系统角度针对可再生能源发电带来的远距离送出、调峰调频等问题开展相关储能应用技术研究。储能在为分布式电源接入提供支持的同时，也在多能源互补和综合利用中为各类型能源的灵活转换提供了媒介，如相变储能、热储能在冷热电联供系统中的应用。利用储能技术实现多种类型能源的有效融合和综合利用也是未来储能技术发展趋势之一。未来储能应用技术总的发展方向可以总结如下：①从可再生能源发电本地应用向系统级应用发展；②单点单类型储能向多点多类型储能的综合利用发展；③功能性示范向需求导向型应用发展；④储能支撑多能源高效融合效应日益显现；⑤分布式储能系统促进终端用户用电方式多样化；⑥分散式储能系统汇聚效应进一步发挥。

储能介质类型很多，各种储能电池技术路线和原理不同，在技术成熟度、存储能量、循环寿命、储能效率、制造成本、安全性、可靠性、应用领域等方面存在较大差别，形成多种技术路线共存的格局。从技术成熟度上看，抽水蓄能和铅酸电池储能技术是目前最成熟的储能技术，应用已经超过 100 年；压缩空气储能、钠硫电池、锂离子电池、液流电池、飞轮储能和超级电容器储能技术较成熟，但尚处于产业化初期，还未大规模应用推广。到 2035 年，储能系统容量支撑电网消纳非水可再生能源发电电量的比例达到 10%，储能电站从本地应用（十兆瓦级）向系统级应用（吉瓦级）发展，初步具备储能技术在能源互联电网中的应用基础，积极培育储能产业链下游应用市场，针对分布式发电、需求响应、电力调频等领域，开展储能示范项目。到 2050 年，钛酸锂电池具备吉瓦级工程应用的条件、大容量高温储热装置具备在储热电站中的示范应用的条件、百万千瓦级深冷液化空气储能成套装置具备大规模推广应用条件、掌握高温高效水电解及高温燃料电池发电技术，电制氢效率超过 90%，且实现电氢热等多种能源的高效综合利用。

5. 信息与控制领域

（1）系统保护技术。系统保护发展路线如图 8-4 所示。预计"十四五"期间，需要构建新型保护原理，攻克多频振荡扰动源精确定位的难题，开发同步相量测量装置的控制潜能，全面完善现有系统保护技术，形成性能更加优越的系统保护体系；预计 2035 年，随着通信技术、计算机技术、全景监测技术的突破，系统保护将会形成全网互联的格局；预计 2050 年，随着系统建模技术的发展，快速频率、电压等响应预估技术的不断进步，系统保护将会形成全网互联在线实时协调控制系统，可以在电网极端故障下仍能保证不扩大影响范围，确保电网的安全稳定运行。

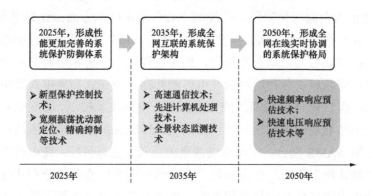

图 8-4 系统保护发展技术路线图

（2）智能电网调控系统。智能电网调控系统将由集中式分析决策向两级分布式分析决策过渡，智能调度系统将变得更加准确、运行可靠、高互动、智能灵活、标准统一。智能电网调控系统将经历以下三个发展阶段：

近期，智能电网调控系统处于研究攻关阶段。①控制中心自动化技术方面：进行基于 MAS 的大规模集群计算试点应用；RTU 数据带时标，与 PMU 数据逐步实现融合；协调多目标的在线安全评估及预警系统试点应用；适应特高压和可再生能源接入的调度计划和安全校核技术实现突破；基于 WAMS 的高级应用试点；全局优化有功无功闭环控制试点应用。②变电站自动化技术方面：完成基于继电保护新原理和新技术的系列基础理论研究；完成基于广域信息保护的可靠性、实时性研究；制定电子式互感器的行业标准和测试规范；采用先进传感器及芯片技术的智能化设备试点应用；实现站级状态估计等高级应用试点。③电力市场技术支持系统方面：完成与市场模式适应的支持系统统一规划和设计；完成双向互动营销试点；完成技术和管理标准的制定，建立营销实时信息互动平台。④通信系统方面：制定层次化信息及通信体系架构，提出信息通信标准规范体系；智能电网一体化信息通信平台关键技术研究取得突破；用户与电网互动信息通信技术示范。

2035 年之前为应用推广阶段。①控制中心自动化技术方面：集群计算大规模推广，"云计算"在电网分析中得到初步应用；RTU、PMU 和在线状态监测数据融合形成广义 SCADA；在线安全评估及预警系统全面实施和推广应用；解决大规模可再生能源发电并网后的调度和控制问题；基于 WAMS 的高级应用得到推广；全局优化有功无功闭环控制全面推广应用。②变电站自动化技术方面：实现行波保护在特高压直流输电系统中的主导应用；基于广域信息的广域保护与控制试点应用；将试点应用阶段取得成功的电子式互感器推广应用；采用先进传感器及芯片技术的智能化设备推广应用；站级高级应用功能完备、应用成熟。③电力市场技术支持系统方面：初步形成电力市场互动服务体系；推广应用双向营销体系，建立增值服务体系；关键技术实现重大突破和推广应用。④通信系统方面：有序推进层次化信息及通信网络建设；智能电网一体化信息通信平台试点；用户与电网互动信息通信技术推广应用。

2050 年之前为全面深化阶段。①控制中心自动化技术方面：计算平台成熟灵活，集群计算和"云计算"全面完善；构建基于 PMU、EMS、继保及安自信息的广域信息集成数据平台；实现稳态、动态相结合，确定性和风险分析相结合的安全预警与防控体系全面完善；完善解决各种特性的发电资源并存、分布式和集中式发电并存下的调度和控制问题；基于 WAMS 的高级应用全面用于电网决策控制。②变电站自动化技术方面：站域变电站智能保护控制系统全面应用；广域保护控制推广应用；电子式互感器与 SCADA 和 WAMS 配合，实现电气测量的全景、全息目标；变电站数据采集与监控全面实现"物联网"思想；全面实现"变电站—调度中心两级分布式分析决策"模式实用化。③电力市场技术支持系统方面：形成完善的电力市场互动服务体系；全面推广电力市场交易体系，完善提升增值服务体系；全面建成并稳步推进适应智能电网要求的电力市场技术支持系统。④通信系统方面：建成完善的层次化信息及通信网络；建成完善的一体化信息通信平台；互动、智能的通信系统技术实现对智能电网的全面支持。

（3）网络信息安全技术。网络信息安全技术发展路线如图 8-5 所示，随着云计算、大数据、物联网、移动互联网和人工智能安全等相关技术的发展，构建信息安全统一监测预警平台和高级可持续威胁检测系统，全面提升现有电力安全防护体系的防护能力，初步形成能源互联网信息保障体系架构；预计 2035 年，随着漏洞特征快速识别方法、态势感知和人工智能安全技术等的突破，形成防护能力更强的电力信息网络动态感知和安全设备联动防御体系；预计 2050 年，随着跨国/洲际多因素联合的可靠身份认证技术、数据安全传输技术以及密码安全体系的发展，新一代电网特色数字证书认证系统、跨洲际数据安全传输系统等相继实现，进一步形成覆盖面更广、安全性更高、性能更优的能源互联网多业务融合信息保障体系架构。

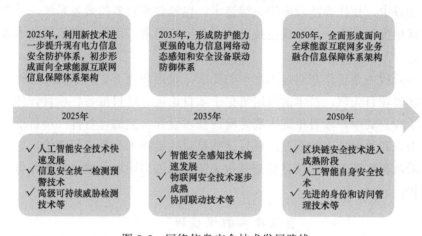

图 8-5　网络信息安全技术发展路线

8.2　新技术成熟度评估

8.2.1　成熟度评估方法

技术成熟度起源于美国，最初是为了解决美国科研管理项目普遍存在的难题，目的是找到一种客观评价工具，准确判断立项或转阶段的最佳时机，从而避免不能按时完成任务的风险。

技术成熟度评估方法，可用于量化分析关键技术状态，辅助项目立项决策及建设过程中的里程碑控制。在技术成熟度评价体系中往往根据技术达到的成熟水平分成不同的等级。技术成熟度等级（Technology Readiness Level，TRL）是指对技术成熟程度进行量度和评测的一种标准，将技术从萌芽状态到成功应用于系统的整个过程划分为

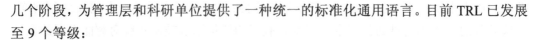

几个阶段，为管理层和科研单位提供了一种统一的标准化通用语言。目前 TRL 已发展至 9 个等级：

（1）TRL_1，基本原理被发现和报告；

（2）TRL_2，技术概念和用途被阐明；

（3）TRL_3，关键功能和特性的概念验证；

（4）TRL_4，实验室环境下的部件和试验台验证；

（5）TRL_5，相关环境下的部件和试验台验证；

（6）TRL_6，相关环境下的系统及子系统模型或原型机验证；

（7）TRL_7，模拟极端环境下的原型机验证；

（8）TRL_8，系统完成技术试验和验证；

（9）TRL_9，系统完成使用验证。

目前，技术成熟度评估大都侧重于对单一技术的评估。然而，在一项能源电力技术系统的建设中，往往会涉及多项关键技术，也包含着众多的装备系统。这都使得单一技术的成熟度评估方法无法满足技术状态分析的需求，因此，需拓展技术成熟度评估的范畴。

根据各阶段主要工作和对技术水平的要求，设定如表 8-2 所示的里程碑。以联网输电技术建设项目为例，技术的应用贯穿于项目论证、项目准备、项目评估和项目实施等 4 个阶段。其中，项目论证主要是验证技术设计方案的可行性；项目准备是指相关设备的引入和关键技术的研发；项目评估是对关键技术水平进行评价，其评价结果直接影响着项目实施进度；项目实施是指关键技术的应用以及输电技术在电网中的安全建设和投运。

表 8-2　　　　　　　　　　输 电 技 术 的 里 程 碑

项目论证	TRL1	技术应用研究及可行性论证
	TRL 2	
	TRL 3	
项目准备	TRL 4	设备集成与模拟环境运行
	TRL 5	
	TRL 6	
项目评估	TRL 7	技术分析及风险评价
	TRL 8	
项目实施	TRL 9	技术应用与推广

里程碑 A，项目论证阶段。该阶段对应于 TRL1、TRL2 和 TRL3 阶段，当设备选择、通信规约选择及网络结构设计等技术达到 TRL3 时，即满足技术应用可行性研究，则可进入里程碑 B，即项目准备阶段。此时在引入设备的同时进行关键技术的研发和

改进，当系统模型通过 TRL6 的验证，即进入项目评估阶段，即里程碑 C。在项目评估阶段中，不断完善关键技术，使得输电系统模型能在模拟环境下稳定运行，并在保障社会效益的同时实现自动控制、在线分析决策、数据共享等功能，即成功执行 TRL8，此刻的技术水平具有较高的可信度，可应用于实际建设环境中，即具备进入里程碑 D 的条件，可开展联网输电技术的应用和输电线路的建设。

1）计及投资成本的联网输电技术成熟度评估。

输电网由多个分系统和设备组成，其技术成熟度是所有系统和设备关键技术的技术成熟度的综合结果。首先由专家针对各个关键技术以及相应的技术指标体系，给出评分，并给出各指标之间的相对重要程度，然后结合层次分析法计算该项关键技术的技术成熟度 $f_{TRL,i}$。

若技术成熟度越低，则技术研发的投资越大，其成本在投资中占得比重越大，对项目的投资效益影响也越大。因而，每项关键技术的技术成熟度的权重与其成本成正比。

$$w_i = C_i / C_T \tag{8-1}$$

式中：C_i 为该项关键技术的研发成本；C_T 为整个联网输电技术设计的总成本。

因而，联网输电技术的成熟度可表示为：

$$f_{TRLT} = \sum_{i=1}^{n} w_i f_{TRL,i} \tag{8-2}$$

式中：$f_{TRL,i}$ 为该项技术的技术成熟度；$f_{TRL,T}$ 为整个联网输电技术建设成熟度。

2）计及输电成熟度不同环节间相关性的联网输电技术成熟度评估。

在联网输电技术建设中，共涉及 k 项关键技术，且已知各自的技术成熟度等级，则使用技术成熟度等级矢量进行表示：

$$V_{TRL} = [TRL_1, TRL_2, \cdots, TRL_k]^T \tag{8-3}$$

对技术集成成熟度，进行两两技术之间的分析，建立技术集成成熟度等级矩阵。

$$M_{TIRL} = \begin{bmatrix} TIRL_{11} & TIRL_{12} & \ldots & TIRL_{1k} \\ TIRL_{21} & TIRL_{22} & \ldots & TIRL_{2k} \\ \vdots & \vdots & \ddots & \vdots \\ TIRL_{k1} & TIRL_{k2} & \ldots & TIRL_{kk} \end{bmatrix} \tag{8-4}$$

其中，$TIRL_{ij} = TIRL_{ji}$，$TIRL_{ii}$ 取为 9 级，即相同技术之间认为可完全集成。

计算系统成熟度等级矢量：

$$V_{SRL} = M_{TIRL} \times V_{TRL} = [SRL_1, SRL_2, \cdots, SRL_k]^T \tag{8-5}$$

其中，SRL_i 可认为是单向技术成熟度在考虑了与其他技术集成后的综合结果。

由上式可以计算综合的系统成熟度等级指标：

$$CSRL = \sum_{i=1}^{k} \frac{SRL_i}{k_i k} \tag{8-6}$$

其中，k_i标识在M_{TIRL}中与技术i具有集成关系的技术个数。

8.2.2 新技术成熟度评估

按照成熟度评估方法，按照近期、中期和远期三个时间节点，结合影响新技术发展关键因素以及新技术的发展趋势，对各类新技术的成熟度进行评估，结果如表8-3～表8-5所示。

表8-3 近期各类技术的成熟度评估结果

领域	新技术	成熟度评估结果	成熟度具体描述
发电领域	分布式新能源发电	5	完成分布式新能源主动支撑技术和综合管理系统研发
输电领域	高电压大容量柔性直流	4	研制±500kV 直流电网关键设备，实现示范工程应用；形成直流电网基础理论体系
配电及用电领域	智能电动汽车	5	研制超高功率密度、高性能双向充放电设备和实用化的无线充电装备，传输距离大于80cm，传输效率大于98%；开发出估算精度达到 3%、具备主被动一体均衡管理、高安全可靠性的电动汽车动力电池管理系统；研制实现电动汽车V2G商业化运行的双向变流及通信装备和相关的电力市场环境体系
	局域能源互联网	5	对能源互联网的物理架构、体系结构、标准协议、协同控制方法等关键基础理论问题进行深入研究，揭示能源互联网的控制、运行和演化机理，研究能源互联网的信息能源融合机制
储能领域	高性价比的电化学储能技术	5	开发出长寿命、低成本型钛酸锂电池，单体钛酸锂电池寿命＞15000次，成本＜3.5元/瓦时；开发出单体容量＞10Ah 的使用离子液体的锂离子电池，研制出单体容量＞1Ah 的水性锂离子电池及钠离子电池样品
	深冷液化空气储能装备	4	掌握高效换热技术的复合储热材料，研制十兆瓦级的深冷液化空气储能装置，效率突破 50%
	大容量高效氢储能装备	4	开发兆瓦级高效电解槽，研制高效储氢系统，实现氢储能系统 1 万小时无故障运行
信息与控制领域	适应未来网架的系统保护	5	需要攻克事故分析的故障数据采集、高精度海量数据的存储、故障演化数据的传输和处理三类关键技术
	新型智能调度控制系统	6	针对不同的功能场景，完成不同功能模块的技术、平台和管理标准等的制定
	基于大数据的网络信息安全	4	云计算、量子计算、光子计算、生物计算及人工智能技术新的突破。软件系统加快向网络化、智能化和高可信的阶段迈进

表8-4 中期各类技术的成熟度评估结果

领域	新技术	成熟度评估结果	成熟度具体描述
发电领域	分布式新能源发电	9	研究提高电网承载和适应可再生能源发电分布式接入的能力，保障可再生能源发电大规模、多点、灵活、高渗透率的接入技术，实现装机容量为 100 万 kW 光伏发电的分布式接入

领域	新技术	成熟度评估结果	成 熟 度 具 体 描 述
输电领域	高电压大容量柔性直流	8	掌握±800kV、8GW 的柔性直流换流阀关键技术；研制±800kV 直流电网关键设备，具备示范应用条件；掌握多电压等级直流电网互联技术
配电及用电领域	智能电动汽车	8	开发电动汽车非接触式充放电设施技术支撑系统；开发电动汽车综合服务系统，具备海量数据组织与存储、共享与发布、分析与挖掘等功能；实现电动汽车 V2G 商业化运行，研究以大数据＋增值业务为发展方向
	局域能源互联网	8	建设以能源路由器为核心的局域能源互联网示范工程示范应用，具备能气转换技术。需要提出面向可靠性、安全性、自愈性等目标的能源互联网体系结构设计与优化技术，形成相应的基础理论、关键技术创新和相关的标准
储能领域	高性价比的电化学储能技术	7	电化学储能系统效率达到 80%以上，寿命达到 15000 到 20000 次（100%DOD），日历寿命 15 到 20 年，具备百兆瓦/数百兆瓦级工程应用的条件；电池成本降至 1.0 元/瓦时；开发出基于离子液体电解质、水性电解质与全固态电解质的储能电池体系，研制出容量≥50Ah，循环寿命大于 5000 次的储能电池，具备十兆瓦时级别电池储能系统工程应用的条件
	深冷液化空气储能装备	8	掌握适用于深冷液化空气储能的高温高效压缩机制造技术，研制百兆瓦级深冷液化空气储能成套装置，效率突破 70%，具备工程应用条件
	大容量高效氢储能装备	9	掌握氢储能装备长寿命运行关键技术，突破高储能密度储氢技术，研制高效制氢（效率≥85%）及氢发电装备（效率≥60%），提出全球能源互联网框架下氢存储及综合应用模式，具备电网级百兆瓦氢储能示范条件
信息与控制领域	适应未来网架的系统保护	8	完成全网互联智能化控制体系研发
	新型智能调度控制系统	8	部分智能调度功能在相关的设备和领域范围内进行推广验证
	基于大数据的网络信息安全	7	研发操作系统、数据库、中间件正在融合成为统一的系统软件平台；加速以超大容量、超高速和超长距离为特征的光通信技术加速应用，加快通信传输网络的 IP 化进程

表 8-5   **远期各类技术的成熟度评估结果**

领域	新技术	成熟度评估结果	成 熟 度 具 体 描 述
发电领域	分布式新能源发电	9	实现可再生能源高效、大容量的分布式接入及消纳
输电领域	高电压大容量柔性直流	9	实现±800kV、8GW 的柔性直流换流阀工程化应用；±800kV 直流电网关键设备具备工程应用条件；形成合理的电压等级序列
配电及用电领域	智能电动汽车	9	研究基于大数据实现电动汽车与能源互联网大规模、大范围互动，缓解电网阻塞、提升电网安全经济运行水平，实现电动汽车的即插即用
	局域能源互联网	9	实现产业转化研究

续表

领域	新技术	成熟度评估结果	成熟度具体描述
储能领域	高性价比的电化学储能技术	9	电化学储能装置寿命达到 20000 次（100%DOD），日历寿命 20 年以上，具备 GWh 级工程应用的条件；电池成本降至 0.75 元/瓦时；掌握低成本、高安全离子液体、水性电解质及全固态电解质相关材料的制作与应用技术，研制容量≥100Ah，循环寿命>10000 次的储能电池，具备 100MWh 级别电池储能系统的工程应用条件
	深冷液化空气储能装备	9	研制百万千瓦级深冷液化空气储能成套装置，具备大规模推广应用条件
	大容量高效氢储能装备	9	掌握高温高效水电解及高温燃料电池发电技术，制氢效率超过 90%，发电效率超过 60%，实现电氢热等多种能源的高效综合利用
信息与控制领域	适应未来网架的系统保护	9	全网互联在线实时智能化协调控制系统推广应用
	新型智能调度控制系统	9	正式在电网运行各个环节内商业推广应用
	基于大数据的网络信息安全	9	面向能源互联网多业务融合信息保障体系推广应用

　　从各类新技术成熟度评估结果可以看出，新能源的跨越式发展和电网电力电子化程度的提升，将引发源网荷储各领域内技术的变革。大规模清洁能源电力的经济高效接纳将是"十四五""十五五"期间的重要任务，电力系统调峰问题、平衡调节能力提升问题将贯穿整个时期，因此提升电力系统整体灵活性水平将是完成该任务的关键路径。为此，需依赖源、网、荷、储间多种技术的融合协调，实现从电源侧、电网侧到用户侧多主体、跨地区间灵活性资源的充分调动与相互配合。在电源侧，新能源的友好接入技术、大规模储能技术将推动我国电源运行方式的深度转变与能源体系转型。在电网侧，大规模远距离输电技术将为我国新能源在更大范围优化配置提供坚强纽带，柔性直流输电技术将有助于实现电源侧与用户侧间更为灵活、紧密的联系。在用户侧，电动汽车 V2G 和局域能源互联网等技术发展将为终端用户主动、柔性地调节自身负荷，并消纳更多新能源电力提供解决方案。储能为电源侧、电网侧和用户侧提供更多灵活可控的调节资源，提升电网运行的灵活性和可靠性。通过各领域新技术的突破创新，可为清洁低碳安全高效的能源体系构建提供坚强有力的技术支撑。

参 考 文 献

[1] 刘振亚. 中国电力与能源 [M]. 北京：中国电力出版社，2012.

[2] 刘振亚. 全球能源互联网 [M]. 北京：中国电力出版社，2015.

[3] 刘振亚. 特高压电网 [M]. 北京：中国经济出版社，2005.

[4] 刘振亚. 特高压交流输电技术研究成果专辑 [M]. 北京：中国电力出版社，2006.

[5] 刘振亚. 特高压交流电气设备 [M]. 北京：中国电力出版社，2008.

[6] 徐政. 柔性直流输电系统 [M]. 北京：机械工业出版社，2012.

[7] 汤广福. 基于电压源换流器的高压直流输电技术 [M]. 北京：中国电力出版社，2009.

[8] 李建林. 储能系统关键技术及其在微网中的应用 [M]. 北京：中国电力出版社，2016.

[9] 张伯明，陈寿孙. 高等电力网络分析 [M]. 北京：清华大学出版社，1996.

[10] 许晓慧. 电动汽车及充换电技术 [M]. 北京：中国电力出版社，2012.

[11] 中国太阳能建筑应用发展研究报告课题组. 中国太阳能建筑应用发展研究报告 [M]. 北京：中国建筑工业出版社，2009.

[12]（美）沙利文（Sullivan）. 工程经济学 [M]. 北京：清华大学出版社，2007.

[13] 姜锦范. 船舶电站及自动化 [M]. 大连：大连海事大学出版社，2005.

[14] 国家电力调度控制中心. 大电网在线分析理论及应用 [M]. 北京：中国电力出版社，2014.

[15]（美）米勒（Miller）. 云计算 [M]. 北京：机械工业出版社，2009.

[16] 王乃粒. 太阳能热发电 [J]. 上海：世界科学. 2008（05）.

[17] 莫颖涛. 影响我国分布式发电发展的关键因素 [J]. 电网技术. 2008（S1）.

[18] 张超，计建仁，夏翔，等. 分布式发电对配电网继电保护及自动化的影响 [J]. 华东电力. 2006（09）.

[19] 王成山，陈恺，谢莹华，等. 配电网扩展规划中分布式电源的选址和定容 [J]. 电力系统自动化. 2006（03）.

[20] 刘振亚. 中国特高压交流输电技术创新 [J]. 电网技术. 2013（03）.

[21] 吴敬儒，徐永禧. 我国特高压交流输电发展前景 [J]. 电网技术. 2005（03）.

[22] Dugan R C，Mcdermott T E. Distributed Generation [J]. IEEE Transaction on Industry Appltication. 2002.

[23] 潘尔生，李晖，肖晋宇，等. 考虑大范围多种类能源互补的中国西部清洁能源开发外送研究 [J]. 中国电力，2018，51（09）.

[24] Technology roadmap-solar thermal electricity [R]. International Energy Agency. International Energy Agency. 2014.

[25] 周孝信. 新能源变革中电网和电网技术的发展前景 [J]. 华电技术. 2011（12）.

[26] 孟沛彧，向往，潘尔生，等. 分址建设直流输电系统拓扑方案与运行特性研究 [J]. 电工技术

学报，2022，37（19）.

[27] 孙玉娇，周勤勇，申洪. 未来中国输电网发展模式的分析与展望［J］. 电网技术. 2013（07）.

[28] 赵良，郭强，覃琴，张克，张文朝，唐晓骏，张彦涛，王青. 特高压同步电网稳定特性分析［J］. 中国电机工程学报. 2008（34）.

[29] Tavares M C，Portela C M. Half-wave length line energization case test-proposition of a real test. Proceedings of the International Conference on High Voltage Engineering and Application. 2008.

[30] 汤广福，王高勇，贺之渊，庞辉，周啸，单云海，李强. 张北 500kV 直流电网关键技术与设备研究［J］. 高电压技术. 2018（07）.

[31] 马为民，吴方劼，杨一鸣，张涛. 柔性直流输电技术的现状及应用前景分析［J］. 高电压技术. 2014（08）.

[32] 汤广福，贺之渊，庞辉. 柔性直流输电工程技术研究、应用及发展［J］. 电力系统自动化. 2013（15）.

[33] 徐政，陈海荣. 电压源换流器型直流输电技术综述［J］. 高电压技术. 2007（01）.

[34] 潘尔生，乐波，梅念，苑宾. ±420kV 中国渝鄂直流背靠背联网工程系统设计［J］. 电力系统自动化，2021，45（05）.

[35] 肖立业，林良真. 超导输电技术发展现状与趋势［J］. 电工技术学报. 2015（07）.

[36] 肖立业，林良真，戴少涛. 新能源变革背景下的超导电力技术发展前景［J］. 物理. 2011（08）.

[37] 丘明. 超导输电技术在电网中的应用［J］. 电工电能新技术. 2017（10）.

[38] 李建林，田立亭，来小康. 能源互联网背景下的电力储能技术展望［J］. 电力系统自动化. 2015（23）.

[39] 李建林，袁晓冬，郁正纲，葛乐. 利用储能系统提升电网电能质量研究综述［J］. 电力系统自动化. 2019（08）.

[40] 张文亮，丘明，来小康. 储能技术在电力系统中的应用［J］. 电网技术. 2008（07）.

[41] 李相俊，王上行，惠东. 电池储能系统运行控制与应用方法综述及展望［J］. 电网技术. 2017（10）.

[42] 周保荣，黄廷城，张勇军. 计及激励型需求响应的微电网可靠性分析［J］. 电力系统自动化. 2017（13）.

[43] 赵洪山，王莹莹，陈松. 需求响应对配电网供电可靠性的影响［J］. 电力系统自动化. 2015（17）.

[44] 张晶，孙万珺，王婷. 自动需求响应系统的需求及架构研究［J］. 中国电机工程学报. 2015（16）.

[45] 王锡凡，肖云鹏，王秀丽. 新形势下电力系统供需互动问题研究及分析［J］. 中国电机工程学报. 2014（29）.

[46] 杨旭英，周明，李庚银. 智能电网下需求响应机理分析与建模综述［J］. 电网技术. 2016（01）.

[47] Microgrids. Nikos Hatziargyriou，Hiroshi Asano，Reza Iravani，Chris Marnay［J］. IEEE Power and Energy Magazine. 2007.

［48］Demand-side view of electricity markets. Kirschen DS ［J］. IEEE Transactions on Power Systems. 2003.

［49］Molina-García，Angel，Bouffard，Fransois，Kirschen，Daniel S. Decentralized demand-side contribution to primary frequency control ［J］. IEEE Transactions on Power Systems. 2011.

［50］Microgrids ［J］. Lasseter R H. Proceedings of 2002 IEEE PowerEngineering Society Winter Meeting. 2002.

［51］Shi，H，Zhuo，F，Yi，H，Geng，Z. Control strategy for microgrid under three-phase unbalance condition ［J］. Journal of Modern Power Systems and Clean Energy. 2016.

［52］郐克存，毕大强，戴瑜兴. 基于虚拟同步发电机的船舶岸电电源控制策略 ［J］. 电机与控制学报. 2015（02）.

［53］王峰，周珏. 港口岸电电能替代技术与效益分析 ［J］. 电力需求侧管理. 2015（03）.

［54］吴振飞，叶小松，邢鸣. 浅谈船舶岸电关键技术 ［J］. 电气应用. 2013（06）.

［55］袁庆林，黄细霞，张海龙. 港口船舶岸电供电技术的研究与应用 ［J］. 上海造船. 2010（02）.

［56］田世明，栾文鹏，张东霞，梁才浩，孙耀杰. 能源互联网技术形态与关键技术 ［J］. 中国电机工程学报. 2015（14）.

［57］马钊，周孝信，尚宇炜，周莉梅. 未来配电系统形态及发展趋势 ［J］. 中国电机工程学报. 2015（06）.

［58］潘尔生，宋毅，原凯，郭玥，程浩忠，张沈习. 考虑可再生能源接入的综合能源系统规划评述与展望 ［J］. 电力建设. 2020（12）.

［59］. 孙宏斌，郭庆来，潘昭光. 能源互联网：理念、架构与前沿展望 ［J］电力系统自动化. 2015（19）.

［60］董朝阳，赵俊华，文福拴，薛禹胜. 从智能电网到能源互联网：基本概念与研究框架 ［J］. 电力系统自动化. 2014（15）.

［61］Geidl M，Koeppel G，Favre-Perrod P，Klockl B，Andersson G，Frohlich K. Energy hubs for the future. IEEE Power Energy Mag. 2007.

［62］Nguyen，Phuong H，Kling，Wil L，Ribeiro，Paulo F. Smart power router: A flexible agent-based converter interface in active distribution networks ［J］. IEEE Transactions on Smart Grid. 2011.

［63］Geidl，Martin，Andersson，Gran. Optimal power flow of multiple energy carriers ［J］. IEEE Transactions on Power Systems. 2007.

［64］Salmasi，Farzad Rajaei. Control strategies for hybrid electric vehicles: Evolution，classification，comparison，and future trends ［J］. IEEE Transactions on Vehicular Technology. 2007.

［65］齐旭，曾德文，史大军，方晓松，黎岚，邬炜. 特高压直流输电对系统安全稳定影响研究 ［J］. 电网技术. 2006（02）.

［66］舒印彪，刘泽洪，高理迎，王绍武. ±800kV 6400MW 特高压直流输电工程设计 ［J］. 电网技术. 2006（01）.

［67］舒印彪. 1000kV 交流特高压输电技术的研究与应用 ［J］. 电网技术. 2005（19）.

[68] 袁清云. 特高压直流输电技术现状及在我国的应用前景 [J]. 电网技术. 2005（14）.

[69] 陈国平，李明节，许涛. 特高压交直流电网系统保护及其关键技术 [J]. 电力系统自动化. 2018（22）.

[70] 许洪强，姚建国，於益军，汤必强. 支撑一体化大电网的调度控制系统架构及关键技术 [J]. 电力系统自动化. 2018（06）.

[71] 徐泰山，杜延菱，鲍颜红，马世英，任先成，向小蓉. 在线暂态安全稳定评估的分类滚动故障筛选方法 [J]. 电力系统自动化. 2018（13）.

[72] 陈厚合，王长江，姜涛，李国庆，张健. 基于端口能量的含 VSC-HVDC 的交直流混合系统暂态稳定评估 [J]. 电工技术学报. 2018（03）.

[73] 许涛，励刚，于钊，张剑云，王亮，李尹，张怡，庄侃沁，罗剑波，李德胜. 多直流馈入受端电网频率紧急协调控制系统设计与应用 [J]. 电力系统自动化. 2017（08）.

[74] 陈庆，闪鑫，罗建裕，戴则梅，江叶峰，王毅. 特高压直流故障下源网荷协调控制策略及应用 [J]. 电力系统自动化. 2017（05）.

[75] Wang, Jianwu, et al. Big data applications using workflows for data parallel computing. [J]. Computing in Science & Engineering. 2014.

[76] Manyika J，Chui M，Brown B，et al. Big data：the next frontier for innovation，competition，and productivity [J]. 2011.

[77] 陈国平，李明节，许涛，刘明松. 关于新能源发展的技术瓶颈研究 [J]. 中国电机工程学报. 2017（01）.

[78] 李柏青，刘道伟，秦晓辉，严剑峰. 信息驱动的大电网全景安全防御概念及理论框架 [J]. 中国电机工程学报. 2016（21）.

[79] 辛耀中，石俊杰，等. 智能电网调度控制系统现状与技术展望 [J]. 电力系统自动化. 2015（01）.

[80] 姚建国，杨胜春，单茂华. 面向未来互联电网的调度技术支持系统架构思考 [J]. 电力系统自动化. 2013（21）.

[81] 翟明玉，王瑾，吴庆曦，靳晶，魏娜. 电网调度广域分布式实时数据库系统体系架构和关键技术 [J]. 电力系统自动化. 2013（02）.

[82] 汪际峰，沈国荣. 大电网调度智能化的若干关键技术问题 [J]. 电力系统自动化. 2012（01）.

[83] 张伯明，孙宏斌，吴文传，郭庆来. 智能电网控制中心技术的未来发展 [J]. 电力系统自动化. 2009（17）.

[84] Khersonsky, Yuri, Islam, Moni, Peterson, Kevin. Challenges of connecting shipboard marine systems to medium voltage shoreside electrical power [J]. IEEE Transactions on Industry Applications. 2007.

[85] Qing-Chang Zhong. Robust Droop Controller for Accurate Proportional Load Sharing Among Inverters Operated in Parallel [J]. Industrial Electronics，IEEE Transactions on. 2013.

[86] Qing-Chang Zhong，George Weiss.Synchronverters：Inverters That Mimic Synchronous Generators

［J］. IEEE Transactions on Industrial Electronics. 2011.

［87］Mathematical Programming. Mixed Integer Models for the Stationary Case of Gas Network Optimization［J］. 2006（2）.

［88］Daniel De Wolf，Yves Smeers. The Gas Transmission Problem Solved by an Extension of the Simplex Algorithm［J］. Management Science. 2000（11）.

［89］张文亮，刘壮志，王明俊，杨旭升. 智能电网的研究进展及发展趋势［J］. 电网技术. 2009（13）.

［90］王德文，宋亚奇，朱永利. 基于云计算的智能电网信息平台［J］. 电力系统自动化. 2010（22）.

［91］沐连顺，崔立忠，安宁. 电力系统云计算中心的研究与实践［J］. 电网技术. 2011（06）.

［92］赵俊华，文福拴，薛禹胜，林振智. 云计算：构建未来电力系统的核心计算平台［J］. 电力系统自动化. 2010（15）.

［93］王琦，李梦雅，汤奕，倪明. 电力信息物理系统网络攻击与防御研究综述（一）建模与评估［J］. 电力系统自动化. 2019（09）.

［94］丁明，李晓静，张晶晶. 面向 SCADA 的网络攻击对电力系统可靠性的影响［J］. 电力系统保护与控制. 2018（11）.

［95］薛禹胜，倪明，余文杰，等. 计及通信信息安全预警与决策支持的停电防御系统［J］. 电力系统自动化. 2016（17）.

［96］崔建磊，文云峰，郭创新，等. 面向调度运行的电网安全风险管理控制系统（二）风险指标体系、评估方法与应用策略［J］. 电力系统自动化. 2013（10）.

［97］史晓婧. 身份与访问管理技术发展现状与趋势分析［J］. 网络安全和信息化. 2022（10）.

［98］TAO M，DONG M，OTA K，et al.Multi-objective network opportunistic access for group mobility in mobile Internet［J］. IEEE Systems Journal. 2018.

［99］WU R Z，ZHU J J，HU H L, et al. Resource allocation for relay-aided cooperative systems based on multi-objective optimization［J］. KSII Transactions on Internet and Information Systems. 2018.

［100］BATAWY S A E，GRAY M K，MORSI W G.Multi-objective optimization of energy storage and wind DGs for self-adequacy of microgrid equipped with fast DC charging station［J］. Power&Energy Society Innovative Smart Grid Technologies Conference. 2017.

［101］REN C，XU Y，ZHANG Y. Post-disturbance transient stability assessment of power systems towards optimal accuracy-speed tradeoff［J］. Protection and Control of Modern Power Systems. 2018.

［102］苗新，张恺，田世明，等. 支撑智能电网的信息通信体系［J］. 电网技术. 2009（17）.

［103］周孝信，陈树勇，鲁宗相. 电网和电网技术发展的回顾与展望——试论三代电网［J］. 中国电机工程学报. 2013（22）.

［104］Zhu Y，Tomsovic K. Adaptive Power Flow Method for Distribution Systems with Dispersed Generation［J］. IEEE Transactions on Power Delivery. 2002.

［105］Conti S，Raiti S，Tina G. Small-scale Embedded Generation Effect on Voltage Profile：An Analytical

Method ［J］. IEEProceedings—Generation Transmission and Distribution. 2003.

［106］Scott N C，Atkinson D J，Morrell J E. Use of Load Control to Regulate Voltage on Distribution Networks with Embedded Generation ［J］. IEEE Transactions on Power Systems. 2002.

［107］Dias R，Santos G，Aredes M. Analysis of a series tap for half-wavelength transmission lines using active filters ［J］. Proceedings of 36th IEEE Power Electronics Specialists Conference. 2005.

［108］裴翔羽，汤广福，庞辉，张盛梅，陈龙龙，孔明. 柔性直流电网线路保护与直流断路器优化协调配合策略研究 ［J］. 中国电机工程学报. 2018（S1）.

［109］徐政，肖晃庆，徐雨哲. 直流断路器的基本原理和实现方法研究 ［J］. 高电压技术. 2018（02）.

［110］S Yamaguchi. Experimental results of the 200-meter cabletest facility and design study of the longer and high power DC superconducting transmission for world power network ［J］. 1st Asia-Arab Sustainable Energy Forum. 2011.

［111］Yoon，Jae-Young，Lee，Seung Ryul，Kim，Jong Yul. Application methodology for 22.9 kV HTS cable in metropolitan city of South Korea ［J］. IEEE Transactions on Applied Superconductivity. 2007.

［112］Arvind Parwal，Martin Fregelius，Irinia Temiz，Malin Giteman，Janaina G. de Oliveira，Cecilia Bostrm，Mats Leijon. Energy management for a grid-connected wave energy park through a hybrid energy storage system ［J］. Applied Energy. 2018.

［113］Choton K. Das，Octavian Bass，Ganesh Kothapalli，Thair S. Mahmoud，Daryoush Habibi. Overview of energy storage systems in distribution networks：Placement，sizing，operation，and power quality ［J］. Renewable and Sustainable Energy Reviews. 2018

［114］Pouria Goharshenasan Khorasani，Mahmood Joorabian，Seyed Ghodratollah Seifossadat. Smart grid realization with introducing unified power quality conditioner integrated with DC microgrid ［J］. Electric Power Systems Research. 2017.

［115］Om Prakash Mahela，Abdul Gafoor Shaik. Power quality improvement in distribution network using DSTATCOM with battery energy storage system［J］. International Journal of Electrical Power and Ene. 2016.

［116］熊雄，叶林，杨仁刚. 电力需求侧规模储能容量优化和经济性分析 ［J］. 电力系统自动化. 2015（17）.

［117］李志伟，赵书强，刘应梅. 电动汽车分布式储能控制策略及应用 ［J］. 电网技术. 2016（02）.

［118］胡泽春，宋永华，徐智威，等. 电动汽车接入电网的影响与利用 ［J］. 中国电机工程学报. 2012（04）

［119］刘晓飞，张千帆，崔淑梅. 电动汽车 V2G 技术综述 ［J］. 电工技术学报，2012，27（02）.

［120］翁国庆，张有兵，戚军，谢路耀. 多类型电动汽车电池集群参与微网储能的 V2G 可用容量评估 ［J］. 电工技术学报. 2014（08）.

［121］项顶，宋永华，胡泽春，徐智威. 电动汽车参与 V2G 的最优峰谷电价研究 ［J］. 中国电机工程学报. 2013（31）.

［122］吴理豪，张波．电动汽车静态无线充电技术研究综述（下篇）［J］．电工技术学报，2020（08）.

［123］孙荣富，王东升，丁华杰，徐海翔．风电消纳全生产过程评价方法［J］．电网技术．2017（09）.

［124］施贵荣，孙荣富，丁华杰，等．适应清洁供暖交易的新能源调度控制策略研究［J］．电网技术．2019（04）.

［125］YAN Huaguang，LI Bin，CHEN Songsong.Future evolution of automated demand response system in smart grid for low-carbon economy［J］．Journal of Modern Power Systems and Clean Energy. 2015.

［126］Alkuhayli A. A，Raghavan S，Chowdhury B. H.Reliability Evaluation of Distribution Systems Containing Renewable Distributed Generations［J］．North American Power Symposium （NAPS）．2012.

［127］Elpiniki apost- olaki-iosifidou，Paul codani，Willett kempton. Measurement of power loss during electric vehicle charging and discharging［J］．Energy. 2017.

［128］W. Han，Y. Xiao. Privacy preservation for v2g networks in smart grid：A survey［J］．Computer Communications. 2016.

［129］Zhao S，Zhao F，Liu Z. The Current Status，Barriers and Development Strategy of New Energy Vehicle Industry in China［J］．International Conference on Industrial Technology and Management. 2017.

［130］Shirazi Y A，Sachs D L. Comments on "Measurement of Power Loss during Electric Vehicle Charging and Discharging" Notable Findings for V2G Economics［J］．Energy. 2018.

［131］Falk R，Fries S. Securely Connecting Electric Vehicles to the Smart Grid［J］．Int. Journal on Advances in Internet Technology. 2013.

［132］Pinson，Pierre，Chevallier，Christophe，Kariniotakis，George N. Trading wind generation from short-term probabilistic forecasts of wind power［J］．IEEE Transactions on Power Systems. 2007.

［133］Zugno M，Morales J M，Pinson P，et al. Pool strategy of a price-maker wind power producer ［J］．IEEE Transactions on Power Systems. 2013.

［134］Ding Huajie，Hu Zechun，Song Yonghua. Rolling optimization of wind farm and energy storage system in electricity markets［J］．IEEE Transactions on Power Systems. 2015.

［135］宋亚奇，周国亮，朱永利．智能电网大数据处理技术现状与挑战［J］．电网技术．2013（04）.

［136］朱征，顾中坚，吴金龙，桂胜．云计算在电力系统数据灾备业务中的应用研究［J］．电网技术．2012（09）.

［137］王广辉，李保卫，胡泽春，宋永华．未来智能电网控制中心面临的挑战和形态演变［J］．电网技术．2011（08）.

［138］沐连顺，崔立忠，安宁．电力系统云计算中心的研究与实践［J］．电网技术．2011（06）.

［139］A. Huang.FREEDM System-A Vision for the Future Grid［J］．Power and Energy Society General Meeting. 2010.

［140］Krause T，Andersson G，Frohlich K，Vaccaro A.Multiple-Energy Carriers：Modeling of Production，Delivery，and Consumption ［J］. Proceedings of Tricomm. 2011.

［141］Akella R，Meng F，Ditch D，et al. Distributed power balancing for the FREEDM system ［J］. Proceedings of IEEE International Conference on Smart Grid Communications. 2010.

［142］BIALEK J W. European offshore power grid demonstration projects ［J］. IEEE Power and Energy Society General Meeting. 2012.

［143］田世明，王蓓蓓，张晶. 智能电网条件下的需求响应关键技术 ［J］. 中国电机工程学报. 2014（22）.

［144］张文亮，汤涌，曾南超. 多端高压直流输电技术及应用前景 ［J］. 电网技术. 2010（09）.

［145］舒印彪，刘泽洪，袁骏，等. 2005 年国家电网公司特高压输电论证工作综述 ［J］. 电网技术. 2006（05）.

［146］SHU Yinbiao，CHEN Guoping，YU Zhao et al. Characteristic analysis of UHVAC/DC hybrid power grids and construction of power system protection ［J］. CSEE Journal of Power and Energy Systems. 2017.

［147］LI G，LIANG J，MA F，et al. Analysis of single-phase-toground faults at the valve-side of HB-MMCs in HVDC systems ［J］. IEEE Transactions on Industrial Electronics. 2019.

［148］SHU Yinbiao，CHEN Guoping，YU Zhao et al. Characteristic analysis of UHVAC/DC hybrid power grids and construction of power system protection ［J］. CSEE Journal of Power and Energy Systems. 2017.

［149］Wu，Felix F，Moslehi，Khosrow，Bose，Anjan. Power system control centers：Past，present，and future ［J］. Proceedings of Tricomm. 2005.

［150］Chen，Ying，Shen，Chen，Wang，Jian.Distributed transient stability simulation of power systems based on a Jacobian-free Newton- GMRES method ［J］. IEEE Transactions on Power Systems. 2009.

［151］Michael Stonebraker，Daniel Abadi，et al.Map Reduce and parallel DBMSs ［J］. Communications of the ACM. 2010（1）.

［152］Cohen，Jeffrey，et al. MAD skills：new analysis practices for big data ［J］. Proceedings of the VLDB Endowment. 2009.

［153］Wu X，Zhu X，Wu G Q，Ding W. Data mining with big data［J］. IEEE transactions on knowledge and data engineering. 2013.

［154］罗建裕，李海峰，江叶峰，罗凯明，刘林. 基于稳控技术的源网荷友好互动精准负荷控制系统 ［J］. 电力工程技术. 2017（01）.

［155］舒印彪，张智刚，郭剑波，张正陵. 新能源消纳关键因素分析及解决措施研究 ［J］. 中国电机工程学报. 2017（01）.

［156］潘尔生，王新雷，徐彤，等. 促进可再生能源电力接纳的技术与实践 ［J］. 电力建设，2017，38（02）.

［157］Yufei SONG，Xuan LIU，Zhiyi LI，Mohammad SHAHIDEHPOUR，Zuyi LI. Intelligent data attacks against power systems using incomplete network information：a review ［J］. Journal of Modern Power Systems and Clean Energy. 2018（04）.

［158］Eman Hammad，Mellitus Ezeme，Abdallah Farraj. Implementation and development of an offline co-simulation testbed for studies of power systems cyber security and control verification ［J］. International Journal of Electrical Power and Ene. 2019.

［159］Shiva Poudel，Zhen Ni，Naresh Malla. Real-time cyber physical system testbed for power system security and control ［J］. International Journal of Electrical Power and Ene. 2017.

［160］Wenye Wang，Zhuo Lu. Cyber security in the Smart Grid：Survey and challenges ［J］. Computer Networks. 2013（5）.

［161］Guidelines for Smart Grid Cyber Security ［J］. NIST IR 7628. 2010.

［162］Falahati，Bamdad，Fu，Yong，Wu，Lei. Reliability assessment of smart grid considering direct cyber-power interdependencies ［J］. IEEE Transactions on Smart Grid. 2012.

［163］Sridhar S，Hahn A.，Govindarasu M. Cyber-Physical System Security for the Electric Power Grid ［J］. Proceedings of Tricomm. 2012.

［164］NAVARATNARAJAH S，HAN C，DIANATI M，et al. Adaptive stochastic radio access selection scheme for cellular-WLAN heterogeneous communi- cation systems ［J］. IET Communications. 2016.

［165］刘东，盛万兴，王云，陆一鸣，孙辰. 电网信息物理系统的关键技术及其进展 ［J］. 中国电机工程学报. 2015（14）.

［166］苏盛，吴长江，马钧，曾祥君. 基于攻击方视角的电力 CPS 网络攻击模式分析 ［J］. 电网技术. 2014（11）.

［167］唐元春，林文钦，陈力，朱佳佳. 面向电力无线专网的分层异构网络接入协同选择方案 ［J］. 电力系统保护与控制. 2019（19）.

［168］杨挺，翟峰，赵英杰，盆海波. 泛在电力物联网释义与研究展望 ［J］. 电力系统自动化. 2019（13）.

［169］肖先勇，杨洪耕. 电力技术经济原理. 北京：中国电力出版社，2010.

［170］刘丽萍，郑红星，林庆扬. 柔性直流输电工程造价分析与控制 ［J］. 能源与环境，2016（06）.

［171］2022 年可再生能源装机数据 ［R］. 国际可再生能源署. 2022.

［172］2021 中国太阳能热发电行业蓝皮书 ［R］. 国家太阳能光热产业技术创新战略联盟，中国可再生能源学会太阳能热发电专业委员会，中关村新源太阳能热利用技术服务中心. 2022.

［173］王丽芳. 电动汽车无线充电. https：//new.qq.com/rain/a/20210523A01HT400，2021.

［174］中国全球港口岸电电源行业发展趋势分析与未来前景预测报告（2022—2029 年）［R］. 观研报告网. 2022.

［175］2022 储能产业研究白皮书 ［R］. 中关村储能产业技术联盟. 2022.

［176］2022 年中国抽水蓄能市场现状及发展趋势预测分析［R］. 中商情报网，2022.

［177］GB/T 33607—2017 智能电网调度控制系统总体框架.

［178］新型电力系统数字技术支撑体系白皮书（2022 版）［R］. 国家电网有限公司. 2022.

［179］数字电网标准框架白皮书（2022 年）［R］. 中国南方电网有限责任公司，中国电力企业联合会. 2022.